/暢/文/食/藝/叢/書/

簡易 家庭麵包製作

王志雄・游純雄／合著

暢文出版社

目・錄

作・者・簡・介

王志雄

●經歷
金葉蛋糕技師
聖瑪莉麵包技師
綠灣麵包西點組長

●現職
頂好麵包西點蛋糕課課長

游純雄

●經歷
金蛋糕西點技師
頂好麵包蛋糕課技師

●現職
金蛋糕廠長

十・大・單・元・簡・介

1. 軟式麵包

2. 硬式麵包

3. 甜麵包

4. 調理麵包

5. 丹麥可鬆麵包

作・者・序

　　由於時代快速變遷，社會的繁榮與進步，使得一般人的生活過得極為便利舒適與無慮，但也正因為如此，在享受現代化的生活之餘，我們卻也漸漸失去了以往與家人一起動手做糕餅、點心，那種辛勤播種而後享受成果的喜悅與成就感。

　　好在幾年以前，國人即開始自覺，雖然生活越來越便利，心靈卻也越來越空虛，於是開始有所謂「自己動手做」的一系列商品出現，提供現代人一個打發時間或增添生活樂趣的良藥、秘方。

　　「DIY」自己動手做系列書籍，就是因應這種情勢出現的溫馨產品之一，諸如插花手工藝、食譜等等，但是麵包、糕點的示範書籍卻是少之又少，筆者有感於此，於是與多年好友游純雄先生，共同研究推出這本「簡易家庭麵包製作」，希望藉著此書，提供給喜好自己動手做的讀者一個享受熱騰騰麵包的機會。

　　本書所製作的麵包，全部以簡易的家庭烘烤設備及一般市面容易取得之材料製成，詳盡的說明與作法之介紹，絕對可以讓讀者藉此書與家人、朋友共同研究，並且實地動手製作！

　　您不妨現在就試試看，享受自己動手做出來的麵包、糕餅、點心，與一般麵包店師父做出來的有何不同！只要熟記本書的指導要領，實地操作幾次，很快的，你也可以是烘焙高手哦！

作者／王志雄、游純雄　謹序

6. 多拿滋麵包

7. 花旗麵包

8. 造型麵包

9. 其他麵包

10. 披薩

材・料・介・紹

❶ 高筋麵粉
筋性較強,一般使用於麵包製作上。

❷ 低筋麵粉
筋性較弱,一般使用於糕餅製作上,也可與麵包相互搭配使用。

❸ 全麥麵粉
用於麵包製作上,含有豐富的食物纖維和維生素B,是營養又健康的副食品。

❹ 綠豆粉
市售之綠豆粉可單獨食用或加入麵包材料中,營養豐富。

❺ 黑豆粉
市售之黑豆粉可單獨食用或加入麵包材料中,可吃得營養又健康。

❻ 麵包粉
使用於油炸麵包上,可增加香酥之風味。

❼ 粉狀乾酵母
用於麵包醱酵,有乾性與濕性兩種,一般超市可購得乾性。

❽ 奶粉、鮮奶
可彈性使用於麵包中,以增加食品風味。

❾ 細砂糖
為製作食品之主要材料之一。

❿ 高級精鹽
為調味之佐料。

⓫ 雞蛋
可彈性使用於麵包或其他食品中,是製作食品之主要材料。每個約50公克,可用以計算材料數量。

⑫奶油
為製作食品之主要材料之一。

⑬乳瑪琳 (瑪琪琳)
為乳化油，溶點較高，使用時較有彈性，有多種用途。

⑭白芝麻、黑芝麻
為裝飾、調味之材料。

⑮小米、麥片、燕麥
為乾燥之雜糧，可用於麵包製作或裝飾麵包。

⑯杏仁片、葡萄乾、杏仁顆粒
為乾燥之乾果，調味裝飾兩相宜。

⑰花生粉、椰子粉、核桃
乾燥或研磨為粉末之乾果，用於調味裝飾。

⑱蕃茄醬、義大利麵醬
調味用，做披薩時需用到蕃茄糊，市面較不易購得，可用麵醬代替，風味也不錯。

DIY 烘焙材料、器具
供應廠商聯絡電話

羅東／裕　明 (03) 9543429	三重／崑　龍 (02) 22876020
宜蘭／欣新烘焙 (03) 9363114	三峽／勤　居 (02) 26748188
基隆／美　豐 (02) 24223200	淡水／溫馨屋 (02) 86312248
基隆／富　盛 (02) 24259255	淡水／虹　泰 (02) 26295593
基隆／証　大 (02) 24566318	樹林／馥品屋 (02) 26862258
台北／向日葵 (02) 87715775	龜山／櫻　坊 (03) 2125683
台北／燈(同)燦 (02) 25533434	桃園／華　源 (03) 3320178
台北／飛　訊 (02) 28830000	桃園／好萊屋 (03) 3331879
台北／皇　品 (02) 26585707	桃園／家佳福 (03) 4924558
台北／義　興 (02) 27608115	桃園／做點心 (03) 3353963
台北／媽咪商店 (02) 23699868	中壢／艾　佳 (03) 4684557
台北／全　家 (02) 29320405	中壢／作點心 (03) 4222721
台北／亨　奇 (02) 28221431	新竹／新盛發 (03) 5323027
台北／得　宏 (02) 27834843	新竹／葉　記 (03) 5312055
新莊／麗莎烘焙 (02) 82018458	竹東／奇　美 (03) 5941382
新莊／鼎香居 (02) 29982335	頭份／建　發 (037) 676695
板橋／旺　達 (02) 29620114	豐原／益　豐 (04) 25673112
板橋／超　群 (02) 22546556	豐原／豐榮行 (04) 25227535
板橋／聖　寶 (02) 29538855	台中／永　美 (04) 22058587
中和／安　欣 (02) 22250018	台中／永誠行 (04) 24727578
中和／艾　佳 (02) 86608895	台中／永誠行 (04) 22249876
中和／全家DIY (02) 22450396	台中／中　信 (04) 22202917
新店／佳　佳 (02) 29186456	台中／誠寶烘焙 (04) 26633116

續第10頁→

器·具·介·紹

❶毛刷
用於塗刷用，例如蛋、醬料、奶油。

❷橡膠刮刀
用來刮起盆內的糊狀材料，相當方便。

❸溫度計
用於測量水溫或麵糰溫度。

❹打蛋器
用於攪拌液態材料，如蛋、糖水等。

❺木杓
用於攪拌較乾性或糊狀之材料，如麵糊、餡料等。

❻擀麵棍
麵包整形不可或缺之器具，具整形及麵糰排氣之用。

❼抹刀、包餡匙
塗抹奶油及包餡料之用。

❽切割刀
分割麵糰時使用，一般使用於分割麵糰大小。

❾滾輪刀
分割麵糰時使用，一般用於大面積且較薄之麵糰。

❿鋸齒刀
切割麵包、蛋糕之用。

⓫小刀
麵包表面切割、切口之用。

⑫塑膠刮刀

麵糰分割、整形之用，刮除拌合工作檯之麵糰或其他麵糊都相當好用。

⑬大小量杯

液態材料之量器，使用相當方便。

⑭量匙

取用較少量乾性材料之量器。

⑮鐘形磅秤

用以準確秤量材料及麵糰分割之重量。

⑯噴水器

表面乾燥時均勻噴灑，可保持適當濕度。

⑰保鮮膜

用來覆蓋麵糰，可防止水分蒸發及熱量的蒸發。

⑱粉篩

過濾粉狀材料之用，可過濾硬塊或雜質。

⑲擠花袋、擠花紙

填充配料，表面裝飾或擠花飾用。

⑳耐高溫烤盤布

經特殊處理方便烤焙時使用，非必須物料。可在烤盤表面刷層薄油或以鐵弗龍處理之烤盤代替。

㉑錫箔紙

可用來代替烤盤布，使烤盤保持清潔。

㉒小鋼模

裝盛麵糰進烤箱烤焙之用，樣式相當多，可依自己喜歡變化。

㉓中空圓形模

可做出圓圈形之麵包，也可用於蛋糕製作上。

㉔披薩盤

製作披薩時用,有尺寸之分,例如8吋、10吋……等。

㉕土司模

一般土司模製作前先刷上少許油以防止黏模。圖片為防黏處理後之土司模,可防黏模,相當方便。

㉖烤盤

有一般及經處理過之防沾烤盤。

㉗鋼盆

常用於混合材料用或攪拌麵糰用,亦可當作容器,如醱酵麵糰之容器,有多種尺寸。

㉘耐熱手套

烘烤時,烤爐、烤盤溫度都相當高,可用來保護雙手,防止燙傷。

㉙手握式攪拌器

用於攪拌、發泡,液態或糊狀皆適用,如蛋、餡料。可節省時間與力氣。

㉚桌上形攪拌器

用於攪拌、發泡,丁形攪拌棒可用於攪拌麵糰,但請注意用量。過量之材料不但容易溢出,機器也容易損壞。

㉛桌上形壓麵機

可處理較硬之麵糰,如造型麵包、麵條、饅頭。

↓ 上接第7頁

DIY 烘焙材料、器具
供應廠商聯絡電話

台中／利　生 (04) 23124339
台中／益　美 (04) 22059167
大里／大里鄉 (04) 24072677
大甲／鼎亨行 (04) 68622172
彰化／永誠行 (04) 7243927
彰化／億　全 (04) 7232903
員林／徐商行 (04) 8291735
員林／金永誠行 (04) 8322811

北港／宗　泰 (05) 7833991
嘉義／福美珍 (05) 2224824
嘉義／新瑞益 (05) 2869545
高雄／正　大 (07) 2619852
高雄／烘焙家 (07) 3660582
高雄／德　興 (07) 3114311
高雄／德　興 (07) 7616225
花蓮／萬客來 (03) 8362628

注・意・事・項

模具之處理
❶製作麵包需用到模具時,先將模具平均的塗上奶油。

❷然後在塗滿奶油的模具上,撒上一層薄薄的高筋麵粉,分佈均勻後,將多餘的麵粉倒出。

粉狀材料之處理
粉狀材料在使用前應先過篩,可避免攪拌麵糊時凝成塊狀,或有異物。

溶解酵母、糖及鹽
在製作麵包開始攪拌前,應先將酵母、糖及鹽與水溶解(天氣較冷時應使用溫水),然後再加入麵粉中攪拌。

測量麵糰溫度
在麵糰攪拌完成後,插入溫度計測量溫度,溫度在攝氏26度至28度最合適,視氣候的溫度可在水中加入部份溫水或冰塊,來調節麵糰溫度。

捏合
麵糰無論是有包餡或沒有包餡,在接合部份都要捏緊,且平放於烤盤上。

醱酵
麵包在攪拌完成後,放入鋼盆或容器內,蓋上濕毛巾或保鮮膜做醱酵動作。醱酵共有兩次,第一次為攪拌完成後、分割前,第二次為整形後、烤焙前。

噴水
在麵糰製作過程中,如天氣乾燥表面水分快速流失,會造成麵糰表面乾燥或粗糙,噴上適量的水,即可補救上述情況。

預熱烤箱

將烤箱溫度設定在需要的指定溫度，就像炒菜要熱鍋一樣，烤出之麵包才會好吃。預熱時機在麵包整形後做第二次醱酵時，約在烤前20~30分鐘，先將烤箱設定到要烘烤之溫度。

烤焙

當發現烤箱溫度過高，麵包快焦黑時，可用錫箔紙摺成約烤盤大小，置於麵包上方，即可延緩焦黑之情形。

❶將紙鋪開，最長的一方朝外，右手抓著紙的尾端，由外向內捲起。

失敗原因 & 注意事項

不足　　適當　　過度

醱酵不足、適當與過度形成之原因為何？

答：醱酵不足與過度之原因可能是溫度不夠或過高，再者是時間太短或太長。在醱酵過程中，溫度與時間的控制，是相當重要的課題。

為何醱酵過程中，毛巾會黏到麵包？

答：❶主要原因可能是毛巾太濕，在醱酵過程中，導致毛巾與麵糰黏在一起。❷另一原因則是醱酵溫度過高與醱酵時間過長所導致。

不足　　適當　　過度

醱酵不足，適當與過度烤焙後之比較：

答：醱酵不足之麵包烤出後會有顏色不均、大小不一之斑點，適當之麵包顏色會相當均勻，過度則會產生較大之皺紋或塌陷。

麵包烤焙後，組織裡有大洞的原因：

答：醱酵不足、適當與過度會造成不一樣的組織結果。醱酵不足造成有的組織太密有的太粗，醱酵剛好組織較為均勻，過度則產生疏鬆狀，口感亦相當粗糙。

❷左手抓著捲起紙張之開端。

❸當盛入醬料後，尾端可用摺疊方式確實捏緊。

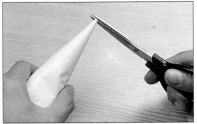

❹可依所需剪出大小不一的缺口。

為何有包餡的麵包，不經整形步驟，烤出之麵包會產生中空狀？

答：有包餡之麵包，不經整形純粹只包成圓形，在烘烤時餡料會因加熱而膨脹，水分也隨之蒸發，出爐後溫度降低，包餡的體積就會縮小。故應在製作時將麵糰稍微滾圓或壓平，把多餘的空氣擠掉，即可減輕中空的情形。

為何烤出之麵包會變形？

答：麵糰在整形時，需將接合處確實捏緊密合，然後將接合點中心平放在烤盤上，沒有接合或位置偏差，就會產生變形之情形。

為何烤出之麵包會龜裂？

答：因整形後之第二次醱酵時，麵糰醱酵不足而引起。

如何烤出漂亮的麵包？

答：本書詳列烘製漂亮麵包之溫度與時間，可供參考。但因烤箱品牌不同而有所差異，烤焙時可隨時注意麵包上色之變化，做適當之調整。

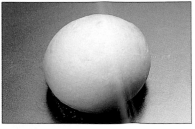

為何麵包烤了很久，還是沒變金黃色？

答：可能是麵糰中少了糖，或是醱酵過度。

為何麵包會有酸味？

答：那是醱酵過度所造成的。過度醱酵會使酵母將糖分解中和為酒精而產生酸味，所以溫度與時間務必細心觀察，否則您的心血就白費了！

麵・糰・基・本・作・法

【注意事項】揉麵時需約50公分大小，四平八穩之工作檯
【準備器具】鋼盆、打蛋器、量杯、布尺、木杓，濕毛巾
【準備材料】2條量

高筋麵粉	500公克
細糖	35公克
鹽	10公克
乾酵母	10公克
奶油	35公克
蛋	50公克
水	240公克

❶打入蛋與水，用攪拌器攪拌均匀。

❷鋼盆內準備好糖、鹽、乾酵母，再將❶的蛋水倒入攪拌均匀。

❸將準備好之麵粉分三次倒入鋼盆內，用木杓攪拌(洗乾淨的手也很好用)。

❹拌合時注意鋼盆底部的麵粉要往上拌。

❺用手將剩餘麵粉揉拌均匀，至成糰狀為止。

❻將麵糰移至工作檯，由內往外揉，直到沒有硬塊。

❼加入所需奶油，奶油量多時可分2～3次加入。

❽油脂揉匀後，依然有些黏手。

❾將麵糰用手慢慢撐開，如很快就破裂，即表示尚未完成。

❿可將麵糰由空中甩向工作檯。做甩麵的動作可加速麵糰之黏性。

⑪揉至麵糰細膩時，再將麵糰撐開，此時已不易破裂並均勻成薄膜狀(欲加其他乾果如葡萄乾、核桃等，此時即可加入)。

⑫將麵糰滾圓，準備做第一次醱酵。

⑬將麵糰置入鋼盆內，蓋上濕毛巾或保鮮膜，防止麵糰表面乾裂。

⑭醱酵約40分鐘(醱酵時間與麵糰溫度、室溫有直接關係，溫度高醱酵快，反之醱酵慢)，辨識醱酵與否，可用手指插入麵糰。

⑮已醱酵之麵糰內含空氣，在手指插入後，會留下手指空隙。

⑯用布尺測量比較醱酵前之比例。直徑約27cm。

⑰用布尺測量比較醱酵後之比例。直徑約41cm。

⑱已醱酵之麵糰移至工作檯進行分割。

⑲分割後再次滾圓。

⑳由外向內將空氣壓出，至表面有彈性，但勿破皮。

㉑將滾圓麵糰之捏合部位平放工作檯上，進行鬆弛5分鐘。

㉒鬆弛時別忘了蓋上濕毛巾。完成鬆弛後即可進行整形。

16　軟式麵包

白・土・司

【注意事項】
烤焙時溫度相當高，注意勿燙傷。烤焙前30分鐘請先預熱烤爐。

【準備器具】
土司模、擀麵棍、刮板、濕毛巾、磅秤

【烤焙溫度】
230度，約烤焙35分鐘

【準備材料】2條量
● 麵糰
高筋麵粉⋯⋯⋯⋯⋯⋯⋯⋯⋯500公克
細糖⋯⋯⋯⋯⋯⋯⋯⋯⋯⋯ 35公克
鹽⋯⋯⋯⋯⋯⋯⋯⋯⋯⋯⋯ 10公克

乾酵母⋯⋯⋯⋯⋯⋯⋯⋯⋯ 10公克
奶油⋯⋯⋯⋯⋯⋯⋯⋯⋯⋯ 35公克
蛋⋯⋯⋯⋯⋯⋯⋯⋯⋯⋯⋯ 50公克
水⋯⋯⋯⋯⋯⋯⋯⋯⋯⋯⋯240公克

❶製作麵糰請先參照14～15頁[麵糰基本作法]。先將麵糰分割成每個220公克，再用擀麵棍由中間向外擀開。

❷將擀開之麵糰由上而下滾成圓筒狀。

❸再將圓筒狀之麵糰擀開。

❹由上而下擀開。

❺醱酵前參考圖，接合點朝下放入模具內。

❻蓋上濕毛巾，做第二次醱酵。

❼醱酵後烤焙前參考圖，大小約模具的八分滿。

❽進入烤箱烤焙之情形。

❾戴上手套做脫模的動作。將土司輕輕倒出，香噴噴的土司就出爐了。

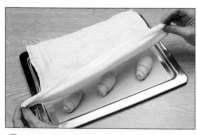

⑧成形之麵糰放入烤盤內，注意
麵糰前後左右間隔約一個麵糰
寬，然後蓋上濕毛巾。

⑨底下準備另一只放入熱水之烤
盤，一起放入約30度之烤箱
中醱酵。

⑩第二次醱酵前之參考圖，約長
5.5cm、寬3cm。

18　軟式麵包

奶 · 油 · 捲

【注意事項】
烤焙時溫度相當高，注意勿燙傷。烤焙前30分鐘請先預熱烤爐。

【準備器具】
擀麵棍、刮板、濕毛巾、磅秤、毛刷、鋼盆

【準備材料】19個量
● 麵糰
高筋麵粉	500公克
細糖	35公克
鹽	10公克
乾酵母	10公克
奶油	35公克
蛋	50公克
水	250公克

● 其他配料
蛋汁	適量

【烤焙溫度】
190度，約烤焙13分鐘

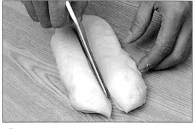

❶ 製作麵糰請先參照14～15頁［麵糰基本作法］。將麵糰進行分割。

❷ 麵糰分割成每個50公克。

❸ 將麵糰滾圓待用。

❹ 蓋上濕毛巾或保鮮膜鬆弛約5分鐘。

❺ 將麵糰來回搓成漏斗狀。

❻ 將麵糰尾端輕輕拉起，由上而下擀平。

❼ 將麵糰由上而下順序捲起。

⓫ 醱酵後之比較圖，約長7cm、寬4cm。

⓬ 先將蛋打勻，用毛刷輕輕刷在麵糰上，就可進入烤箱烤焙。

⓭ 烤焙後之參考圖。

葡 · 萄 · 土 · 司

【注意事項】
製作前先將葡萄乾泡水，約10分鐘。

【準備器具】
土司模、擀麵棍、濾網、鋼盆

【準備材料】2條量
● 麵糰
高筋麵粉………………500公克
細糖……………………100公克
鹽…………………………5公克
乾酵母…………………10公克
奶油……………………40公克
蛋………………………100公克
鮮奶……………………220公克

● 其他配料
葡萄乾……………………適量

【烤焙溫度】
200度，約烤焙35分鐘

❶用濾網將葡萄乾撈出備用。

❷製作麵糰請參照14～15頁[麵糰基本作法]。先將麵糰分割成每個240公克，再用擀麵棍由中間向外擀開。

❸均勻撒上葡萄乾。

❹麵糰由上而下順序捲起，接點朝下放入土司模中。

❺醱酵前之參考圖。

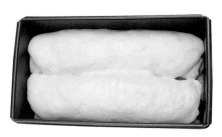

❻醱酵後之比較圖，大小約模具的八分滿，就可進入烤箱烤焙。

土·司·蛋·三·明·治

【注意事項】
土司烘烤後待涼才可切成薄片

【準備器具】
土司模、擀麵棍、刮板、濕毛巾、磅秤、鋸齒刀

【準備材料】2條量白土司
● 麵糰／高筋麵粉500公克、細糖35公克、鹽10公克、乾酵母10公克、奶油35公克、蛋50公克、水240公克
● 其他配料／火腿片、小黃瓜、乳酪片、蛋汁（將蛋加入適量的鹽打散）

【烤焙溫度】
230度，約烤焙35分鐘

❶土司作法請先參照16～17頁[白土司]作法 ❶～❾，待土司涼後切片，擠上沙拉醬。

❷鋪上備妥之配料，每層皆擠上沙拉醬。

❸沾上蛋汁後，立即取出。

❹放入已預熱之平底鍋上，將兩面煎至金黃色即可。

❺切成適當之大小，即成一道美味的三明治。

菠·菜·葡·萄·土·司

【注意事項】
將所需之菠菜先榨汁。製作前先將葡萄乾泡水約10分鐘。

【準備器具】
擀麵棍、濾網、鋼盆、篩網

【準備材料】2條量
● 麵糰／高筋麵粉500公克、細糖80公克、鹽8公克、乾酵母10公克、奶油40公克、菠菜汁300公克
● 其他配料／葡萄乾適量

【烤焙溫度】
200度，約烤焙35分鐘

❶製作麵糰請參照14～15頁[麵糰基本作法]。先將麵糰分割成每個460公克，再以擀麵棍由中間向外擀開，並均勻撒上葡萄乾。

❷麵糰由上而下順序捲起，接點朝上放入烤盤中。

❸醱酵前之參考圖，約長19cm、寬7cm。

❹醱酵後之比較圖，約長22cm、寬9cm，就可進入烤箱烤焙。

❺麵包待涼後，用篩網灑些糖粉，讓麵包看起來更好吃。

菠·菜·芝·麻·麵·包

❶製作麵糰請參照14～15頁[麵糰基本作法]。先將麵糰分割成每個50公克，然後滾圓。

【注意事項】
將所需之菠菜先搾汁待用

【準備器具】噴水器

【烤焙溫度】
190度，約烤焙13分鐘

【準備材料】18個量
●麵糰／高筋麵粉500公克、細糖80公克、鹽8公克、乾酵母10公克、奶油40公克、菠菜汁300公克
●其他配料／白芝麻適量

❷沾上白芝麻後放入烤盤中。

❸醱酵前之參考圖，約為直徑3.5cm。

❹醱酵後之比較圖，約為直徑5cm，就可進入烤箱烤焙。

全麥麵包

【注意事項】
在二次醱酵時只需蓋上乾毛巾

【準備器具】擀麵棍、小刀

【準備材料】3.5條量
● 麵糰
高筋麵粉‥‥‥‥‥‥‥‥400公克
全麥麵粉‥‥‥‥‥‥‥‥100公克
細糖‥‥‥‥‥‥‥‥‥‥ 40公克
鹽‥‥‥‥‥‥‥‥‥‥‥ 10公克
乾酵母‥‥‥‥‥‥‥‥‥ 10公克
奶油‥‥‥‥‥‥‥‥‥‥ 40公克
蛋‥‥‥‥‥‥‥‥‥‥‥ 50公克
水‥‥‥‥‥‥‥‥‥‥‥250公克

【烤焙溫度】
190度，約烤焙30分鐘

❶製作麵糰請參照14～15頁[麵糰基本作法]。先將麵糰分割成每個250公克，再以擀麵棍由中間向外擀開。

❷將擀開之麵糰由上而下滾成橄欖狀。

❸先準備高筋麵粉，再抓住麵糰接點處，把麵糰表面沾上麵粉。

❹用小刀將麵糰表面劃上如葉形之紋路。

❺醱酵前之參考圖，約長16cm、寬5cm。

❻醱酵後之比較圖，約長19cm、寬8cm，即可進入烤箱烤焙。

全·麥·玉·米·麵·包

【注意事項】

在包玉米時，表面應保留較多之麵糰，防止餡由表面爆出。

【準備器具】

毛刷、剪刀、擠花袋、杯模
(刷油撒粉待用)

【烤焙溫度】

200度，約烤焙15分鐘

【準備材料】 18個量

●**麵糰**

高筋麵粉……………………400公克
全麥麵粉……………………100公克
細糖……………………… 40公克

鹽⋯⋯⋯⋯⋯⋯⋯⋯ 10公克
乾酵母⋯⋯⋯⋯⋯⋯ 10公克
奶油⋯⋯⋯⋯⋯⋯⋯ 40公克
蛋⋯⋯⋯⋯⋯⋯⋯⋯ 50公克
水⋯⋯⋯⋯⋯⋯⋯⋯250公克

● 其他配料

玉米、沙拉醬⋯⋯⋯⋯ 適量

❶製作麵糰請參照14～15頁[麵糰基本作法]。先將麵糰分割成每個50公克，再將麵糰壓平。

❷將準備好之玉米包起，注意接合部份應確實黏合。接合部位朝下，放入杯模中。

❸醱酵前參考圖，約直徑6cm。

❹醱酵後比較圖，約直徑7cm。

❺用剪刀將麵糰上方剪一小洞，深度可剪至玉米處。

❻輕輕的刷上蛋汁，蛋汁請勿流至模具內。

❼擠上沙拉醬，就可進入烤箱烤焙。

全·麥·培·根·麵·包

【注意事項】
培根如太長可剪半使用

【準備器具】
毛刷、刮刀

【烤焙溫度】
200度，約烤焙15分鐘

【準備材料】 18個量
● **麵糰**
高筋麵粉…………………400公克

全麥麵粉………………100公克
細糖……………………40公克
鹽………………………10公克
乾酵母…………………10公克
奶油……………………40公克
蛋………………………50公克
水………………………250公克

● **其他配料**
培根、沙拉醬、廣東香菜、蛋汁
…………………………… 適量

❶製作麵糰請參照14～15頁[麵
　糰基本作法]。先將麵糰分割
　成每個50公克。

❷將擀開之麵糰由上而下滾成橄
　欖狀。

❸接點在中間將麵糰對摺。

❹約從2/3處朝中間切下，從中
　展開後放入烤盤。

❺醱酵前之參考圖，約長7cm、
　寬4cm。

❻醱酵後之比較圖，約長9cm、
　寬6cm。

❼輕輕的刷上蛋汁。

❽放上準備好之培根。

❾均勻擠上沙拉醬。間隔勿太
　近，否則烤焙時不易熟。

❿出爐時可加些香菜，看起來會
　更好吃。

30　硬式麵包

法 · 國 · 棒

【注意事項】
此作法麵糰較硬，所以需較穩固之工作檯做揉麵的動作。

【準備器具】
擀麵棍、小刀、毛刷、刮版、硬尺

【準備材料】10條量

● 麵糰

高筋麵粉	100公克
低筋麵粉	200公克
細糖	100公克
鹽	10公克
泡打粉	5公克
奶油	30公克
蛋	80公克
麵糰	200公克

● 其他配料

白芝麻、黑芝麻、蛋汁… 適量

【烤焙溫度】
200度，約烤焙12分鐘

❶製作麵糰請參照14～15頁[麵糰基本作法] ❶～㉒。然後準備好材料。

❷將麵糰切碎與其他材料混合。揉麵請先參照14頁[麵糰基本作法] ❺～❻。

❸鬆弛約5分鐘，即可做整形動作。以擀麵棍由中間向外擀開。

❹擀至約烤盤大小，注意麵糰厚薄應平均。

❺切成條狀，約長25cm、寬1.5cm。

❻刷上準備好之蛋汁。

❼依喜好均勻撒上芝麻，不需第二次醱酵即可準備烤焙。

❽進入烤箱烤焙之參考圖。

32 硬式麵包

法·國·橄·欖·麵·包

【注意事項】法國麵包在烤焙時須產生蒸氣，表皮才會香脆；可利用石頭加熱所產生之蒸氣代替。

【準備器具】小刀、抹刀、橡膠刮刀、石頭、量杯

【準備材料】12個量
● 麵糰／高筋麵粉300公克、低筋麵粉200公克、鹽10公克、乾酵母10公克、水230公克

【烤焙溫度】200度，約烤焙15分鐘

❶先備好蒜泥奶油，口味可依個人喜好調整配料，材料為含鹽奶油、蒜泥、廣東香菜等。

❷只要將備妥材料拌勻即可(奶油需事先解凍至常溫)。

❸預熱烤爐時，也一併將石頭預熱。

❹製作麵糰請參照14～15頁[麵糰基本作法]❶～㉒。先將麵糰分割成每個60公克，再把麵糰壓平。

❺將擀開之麵糰由上而下滾成橄欖狀。

❻把麵糰底部接點捏合。

❼醱酵前之參考圖，約長10cm、寬4cm。

❽醱酵後之比較圖，約長11cm、寬6cm。

❾用刀將麵糰表面中間位置劃一小刀。

❿烤焙前將預熱好之石頭加入30cc熱開水，再將麵糰送入烤焙。

⓫趁麵包還熱時，將備好之蒜泥奶油塗上。

法·國·長·條·麵·包

【注意事項】
法國麵包在烤焙時須產生蒸氣，表皮才會香脆；可利用石頭加熱所產生之蒸氣代替。

【準備器具】
小刀、抹刀、擀麵棍、石頭、量杯

【烤焙溫度】
200度，約烤焙20分鐘

【準備材料】7條量
● 麵糰
高筋麵粉·················300公克
低筋麵粉·················200公克
鹽······················· 10公克
乾酵母··················· 10公克
水·····················230公克

● 其他配料
蒜泥奶油··················· 適量

❶製作麵糰請參照14～15頁[麵糰基本作法]❶～㉒。先將麵糰分割成每個60公克，把麵糰用擀麵棍壓平。

❷將擀開之麵糰由上而下滾成圓筒狀。

❸把麵糰底部接點捏合。

❹醱酵前之參考圖，約長15cm、寬4cm。

❺醱酵後之比較圖，約長16cm、寬6cm。

❻用刀在麵糰表面中間位置畫一小刀，之後動作請參照32～33頁 [法國橄欖麵包]❿～⓫。

雜・糧・麵・包

【注意事項】
雜糧粉以個人容易取得之材料即
可。一般超市有售黃豆粉、黑豆
粉等。

【準備器具】
噴水器

【準備材料】8條量
●麵糰／高筋麵粉400公克、雜
糧麵粉100公克、細糖40公克、
鹽10公克、乾酵母10公克、奶油
30公克、蛋50公克、水200公克

●其他配料／乾燥雜糧（麥片、
小米、燕麥皆可）

【烤焙溫度】
200度，約烤焙16分鐘

❶製作麵糰請參照14～15頁[麵
糰基本作法] ❶～㉒。先將麵
糰分割成每個100公克，把麵
糰壓平，再將麵糰由上而下滾
成橄欖狀。

❷準備好之雜糧用碟形物裝盛。

❸將整形好之麵糰接點朝上，面
朝下沾上雜糧粉。

❹醱酵前之參考圖，約長11cm
、寬5cm。

❺醱酵後之比較圖，約長13cm、
寬7cm，即可進入烤箱烤焙。

雜糧葡萄麵包

【注意事項】雜糧粉以個人容易取得之材料即可，一般超市有售黃豆粉、黑豆粉等。

【準備器具】小刀、擀麵棍

【準備材料】4條量
● 麵糰／高筋麵粉400公克、雜糧麵粉100公克、細糖40公克、鹽10公克、乾酵母10公克、奶油30公克、蛋50公克、水200公克
● 其他配料／葡萄乾適量

【烤焙溫度】
190度，約烤焙24分鐘

❶製作麵糰請參照14～15頁[麵糰基本作法]❶～㉒。先將麵糰分割成每個200公克，把麵糰壓平，平均撒上葡萄乾。

❷麵糰由上而下滾成橄欖狀。

❸將整形好之麵糰接點朝上，面朝下沾上麵粉。

❹醱酵前之參考圖，約長19cm、寬7cm。

❺醱酵後之比較圖，約長22cm、寬9cm。

❻用刀將麵糰表面劃上斜角的平行三刀，即可進入烤箱烤焙。

胚・芽・調・理・麵・包

【注意事項】胚芽粉可在較大的雜糧行購得，
如所購為生粉，可先用烤箱烤至金黃色即可。

【準備器具】小刀

【準備材料】8個量
● 麵糰
高筋麵粉400公克、胚芽麵粉
100公克、細糖50公克、鹽10公
克、乾酵母10公克、奶油30公
克、水280公克

● 其他配料
調理之材料可依個人喜好，如蕃
茄醬、火腿、乳酪片、番茄等。

【烤焙溫度】
190度，約烤焙15分鐘

❶製作麵糰請參照14～15頁[麵糰基本作法]❶～㉒。先將麵糰分割成每個100公克，然後滾圓。

❷將整形好之麵糰接點朝上，面朝下沾上胚芽粉。

❸用刀在麵糰表面中間位置劃一小刀。

❹醱酵前之參考圖，約為直徑6cm。

❺醱酵後之比較圖，約為直徑8cm，即可進入烤箱烤焙。烤焙待涼後方可進行調理。

胚・芽・鳳・梨・麵・包

【注意事項】
鳳梨片事先對切成薄片，以免壓垮麵包。

【準備器具】刮刀、擠花袋

【準備材料】17個量
● 麵糰／高筋麵粉400公克、胚芽麵粉100公克、細糖50公克、鹽10公克、乾酵母10公克、奶油30公克、水280公克
● 其他配料／沙拉醬、鳳梨片、蛋汁各適量

【烤焙溫度】
200度，約烤焙15分鐘

❶製作麵糰請參照14～15頁[麵糰基本作法]❶～㉒。先將麵糰分割成每個50公克，將麵糰擀平後，由上往下捲起。

❷將麵糰接點朝內，對摺從中央1/2處切開。

❸醱酵前之參考圖，約長7.5cm、寬5.5cm。

❹醱酵後之比較圖，約長9.5cm、寬7cm。

❺輕輕刷上蛋汁、擠上沙拉醬，再舖上鳳梨片，即可進入烤箱烤焙。

40 硬式麵包

胚·芽·椰·子·麵·包

【注意事項】
椰子餡請先備妥。包完餡再做整形時，勿太用力，以免椰子餡被擠出。

【準備器具】
刮刀

【烤焙溫度】
200度，約烤焙15分鐘

【準備材料】17個量
● **麵糰**／高筋麵粉400公克、胚芽麵粉100公克、細糖50公克、鹽10公克、乾酵母10公克、奶油30公克、水280公克

● **椰子餡**／蛋100公克、奶油80公克、細砂糖100公克、奶水100公克、椰子粉180公克

● **其他配料**／蛋汁適量

❶將蛋、奶油、細砂糖混合拌勻。

❷加入椰子粉。

❸全部材料加入後拌勻即可。

❹製作麵糰請參照14～15頁[麵糰基本作法]❶～㉒。先將麵糰分割成每個50公克，再包上椰子餡。

❺麵糰擀開後，接點朝內，麵糰左右往內摺成三角形。

❻再將麵糰對摺，朝中間切開1/2。

❼切開後，將另一端麵糰由內向外翻開。

❽醱酵前之參考圖，約長9cm、寬7cm。

❾醱酵後之比較圖，約長10cm、寬8cm。

❿刷上準備好之蛋汁，灑些杏仁片，即可送入烤焙。

❶先準備卡士達醬部份，將奶水
　加熱至100度。

❷趁奶水加熱時，將蛋與糖拌
　合。

❸將加熱之奶水倒入拌勻。

卡·士·達·麵·包

❹再將篩過之高筋麵粉倒入。

❺繼續以小火加熱，並不時攪拌鍋底，防止鍋底焦黑，攪至糊稠狀為止。

❻加入奶油拌勻，即完成卡士達醬(待涼備用)。

❼製作麵糰請參照14～15頁[麵糰基本作法]❶～㉒。先將麵糰分割成每個50公克，再用擀麵棍將麵糰壓平成橢圓形。

【注意事項】
卡士達醬需事先準備好，待涼後方可使用。

【準備器具】
毛刷、鋼盆、打蛋器、擀麵棍、抹刀、刮版

【準備材料】19個量
● 麵糰
高筋麵粉500公克、細糖80公克、鹽5公克、乾酵母10公克、奶油40公克、蛋50公克、水250公克
● 卡士達醬
奶水500公克、奶油20公克、高筋麵粉100公克、細糖120公克、蛋100公克
● 其他配料
蛋汁適量

【烤焙溫度】
200度，約烤焙13分鐘

❽將適量卡士達醬置於麵糰中間。

❾將兩頭麵糰合起，並把麵糰捏合。

❿用刮刀在接合部位平均地切出三個缺口。

⓫醱酵前之參考圖，約長8cm、寬5.5cm。

⓬醱酵後之比較圖，約長9cm、寬7cm。

⓭輕輕的刷上蛋汁，就可進入烤箱烤焙。

奶·油·餐·包

【注意事項】切丁之奶油塊請在奶油未融化前切好，並放入冷藏庫備用。

❶製作麵糰請先參照43頁[卡士達麵包]作法❼。再將備好之奶油包上，注意底部接合部份需確實接合。

❷醱酵前之參考圖，約為直徑3.5cm。

❸醱酵後之比較圖，約為直徑5cm。

❹刷上準備好之蛋汁。

❺撒上芝麻，即可進入烤箱烤焙。

【準備器具】毛刷

【準備材料】19個
● 麵糰／高筋麵粉500公克、細糖100公克、鹽5公克、乾酵母10公克、奶油40公克、蛋50公克、水250公克
● 其他配料／白芝麻、奶油、蛋汁各適量

【烤焙溫度】
200度，約烤焙14分鐘

紅·豆·麵·包

【注意事項】
麵糰包餡時稍微壓一下，將空氣擠出。

【準備器具】 毛刷、抹刀

【烤焙溫度】
200度，約烤焙12分鐘

【準備材料】18個量
● 麵糰／高筋麵粉500公克、細糖70公克、鹽5公克、乾酵母10公克、奶油40公克、蛋50公克、水250公克
● 其他配料／黑芝麻、紅豆餡、蛋汁各適量

❶製作麵糰請參照14～15頁[麵糰基本作法]。先將麵糰分割成每個50公克，左手托住麵糰，右手將紅豆包入。

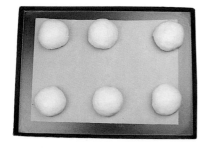

❷醱酵前之參考圖，約為直徑6cm。

❸醱酵後之比較圖，約為直徑8cm，即可進入烤箱烤焙。

❹刷上蛋汁，灑上芝麻，即可進入烤箱烤焙。

紅·豆·捲·麵·包

【注意事項】
紅豆餡需事先備好，可在一般豆沙店購得

【準備器具】
毛刷、擀麵棍、抹刀、刮版、小刀

【準備材料】18個量
● 麵糰
高筋麵粉……………………500公克
細糖…………………………70公克
鹽……………………………5公克
乾酵母………………………10公克
奶油…………………………30公克
蛋……………………………50公克
水……………………………250公克

● 其他配料
白芝麻、紅豆餡……………適量

【烤焙溫度】
200度，約烤焙13分鐘

❶製作麵糰請參照14～15頁[麵糰基本作法]。先將麵糰分割成每個50公克，左手托住麵糰，右手將紅豆包入。

❷全部包好之後，再將麵糰接點朝下擀開，請勿過於用力，不然餡會被麵糰擠出。

❸用小刀輕輕在表面劃約四刀左右。

❹抓住麵糰兩端，朝反方向旋轉成麻花狀。

❺打上一個結。

❻沾上白芝麻。

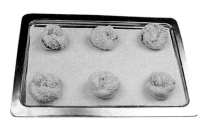

❼醱酵前之參考圖，約為直徑6cm。

❽醱酵後之比較圖，約為直徑8.5cm，即可進入烤箱烤焙。

【注意事項】
菠蘿皮需事先準備好待用。

【準備器具】
毛刷、鋼盆、抹刀、刮版、橡膠刮刀

48　甜麵包

【準備材料】18個量
● 麵糰／高筋麵粉500公克、細糖90公克、鹽5公克、乾酵母10公克、奶油20公克、蛋50公克、水250公克
● 菠蘿皮／奶油150公克、高筋

麵粉220公克、糖粉100公克、蛋50公克
● 其他配料／蛋汁適量

【烤焙溫度】
190度，約烤焙16分鐘

菠・蘿・麵・包

❶ 先準備菠蘿皮部份，將奶油溶解。

❷ 加入備好過篩之糖粉。

❸ 再將蛋加入拌勻。

❹ 最後加入2/3的麵粉。

❺ 移到桌面做拌合動作。

❻ 將其餘麵粉拌勻，即可分成約20公克待用。

❼ 製作麵糰請參照14～15頁[麵糰基本作法]。先將麵糰分割成每個50公克，再將備好的菠蘿皮壓平。

❽ 工作檯先撒些麵粉，放上菠蘿皮，再將麵糰往上壓。

❾ 左手托住麵糰，右手將麵糰由外向內擠壓，至菠蘿皮約覆蓋2/3。

❿ 醱酵前之參考圖，約為直徑5.5cm。

⓫ 醱酵後之比較圖，約為直徑7cm。

⓬ 刷上準備好之蛋汁，即可進入烤箱烤焙。

50 甜麵包

菠·蘿·夾·心·麵·包

【注意事項】
菠蘿皮需事先備好待用。

【準備器具】
毛刷、鋼盆、抹刀、刮版、橡膠刮刀

【烤焙溫度】
190度，約烤焙16分鐘

【準備材料】18個量
果醬、菠蘿皮(作法請參照49頁[菠蘿麵包]❶～❻)

● 麵糰
高筋麵粉‥‥‥‥‥‥‥‥‥500公克
細糖‥‥‥‥‥‥‥‥‥‥‥ 90公克
鹽‥‥‥‥‥‥‥‥‥‥‥‥‥5公克
乾酵母‥‥‥‥‥‥‥‥‥‥ 10公克
奶油‥‥‥‥‥‥‥‥‥‥‥ 20公克

蛋‥‥‥‥‥‥‥‥‥‥‥‥ 50公克
水‥‥‥‥‥‥‥‥‥‥‥‥250公克
● 菠蘿皮
奶油‥‥‥‥‥‥‥‥‥‥‥150公克
高筋麵粉‥‥‥‥‥‥‥‥‥220公克
糖粉‥‥‥‥‥‥‥‥‥‥‥100公克
蛋‥‥‥‥‥‥‥‥‥‥‥‥ 50公克
● 其他配料
蛋汁‥‥‥‥‥‥‥‥‥‥‥ 適量

❶製作麵糰請參照本書第14～15頁[麵糰基本作法]。先將麵糰分割成每個50公克，將擀開之麵糰由上而下滾成圓筒狀。

❷刷上薄薄的水，待會覆上菠蘿皮時較容易黏上。

❸將備好之菠蘿皮壓平，皮的部份請參照49頁[菠蘿麵包]作法❶～❻菠蘿皮之作法。

❹把菠蘿皮覆上，稍微壓一壓。

❺醱酵前之參考圖，約長8cm、寬4cm。

❻醱酵後之比較圖，約長9cm、寬5cm。

❼輕輕的刷上蛋汁，就可進入烤箱烤焙。

❽烤焙待涼後，將麵包對切但勿切斷。

❾抹上果醬或奶油，再沾上椰子粉，就大功告成了。

藍 · 莓 · 麵 · 包

【注意事項】
藍莓餡需事先準備好，可在一般超市購得。

【準備器具】
毛刷、抹刀、擠花袋

【烤焙溫度】
190度，約烤焙18分鐘

【準備材料】19個量
● 麵糰
高筋麵粉··················500公克
細糖·····················　90公克
鹽·······················　5公克
乾酵母···················　10公克
奶油·····················　20公克
蛋·······················　50公克
水·······················220公克

● 其他配料
蛋汁·····················適量
糖霜（糖霜只要將糖粉加入少許開水拌成糊狀即成）

❶製作麵糰請參照14～15頁[麵糰基本作法]。先將麵糰分割成每個50公克，將麵糰由中間向外搓成長條狀。

❷醱酵前之參考圖，約長28cm、寬12cm。

❸醱酵後之比較圖，約長30cm、寬13cm。

❹輕輕的刷上蛋汁。

❺擠上三排藍莓醬，份量勿太多，否則麵糰會承受不住而塌陷。

❻烤焙好待涼後，擠上糖霜。看起來非常好吃！

奶・露・麵・包

【注意事項】
發泡奶油需事先準備好。

【準備器具】
抹刀、擠花袋、手提式打蛋器、
鋼盆、篩網

【烤焙溫度】
190度，約烤焙14分鐘

【準備材料】19個量
糖粉、奶油、卡士達醬（請參照
42～43頁 [卡士達]作法❶～❻）

● 麵糰
高筋麵粉	500公克
細糖	90公克
鹽	5公克
乾酵母	10公克
奶油	20公克
蛋	50公克
水	220公克

● 發泡奶油
| 奶油 | 400公克 |
| 糖粉 | 120公克 |

● 卡士達醬
奶水	500公克
奶油	20公克
高筋麵粉	100公克
細糖	120公克
蛋	100公克

❶先準備發泡奶油部份，將奶油
與糖粉用打蛋器攪拌。

❷攪拌至較原本奶油白，呈乳白
顏色，且體積增加一倍左右。

❸製作麵糰請參照本書第14～
15頁[麵糰基本作法]。先將麵
糰分割成每個50公克，再將
麵糰由上往下捲起，並搓成長
條狀。

❹醱酵前之參考圖，約長9cm、
寬3cm。

❺醱酵後之比較圖，約長10cm
、寬5cm。

❻擠上準備好之卡士達醬，間隔
不要太近，即可進入烤箱烤
焙。

❼烤焙待涼後，將麵包對切至
2/3處，擠上奶油。

❽用篩網篩上些許糖粉。

芋 · 泥 · 麵 · 包

【注意事項】
芋泥餡需事先備好，可在一般豆沙店購得。

【準備器具】
毛刷、擀麵棍、抹刀、刮版

【烤焙溫度】
200度，約烤焙13分鐘

【準備材料】18個量

● 麵糰
高筋麵粉500公克、細糖80公克、鹽5公克、乾酵母10公克、奶油20公克、蛋50公克、水240公克

● 其他配料
黑芝麻、芋泥、蛋汁餡適量

❶製作麵糰請參照14～15頁[麵糰基本作法]。先將麵糰分割成每個50公克，左手托住麵糰，右手將芋泥餡包入。

❷包好之後再將麵糰接點朝下擀開，請勿過於用力，不然餡會被麵糰擠出。

❸將擀開之麵糰反轉，接點朝上，由上而下滾成圓筒狀。

❹用刮刀將麵糰切成三等分，但勿將麵糰切斷。

❺交叉成三份。

❻醱酵前之參考圖，約為直徑7cm。

❼醱酵後之比較圖，約為直徑8.5cm。

❽刷上準備好之蛋汁。

❾撒上黑芝麻，即可進入烤箱烤焙。

墨·西·哥·麵·包

【注意事項】
墨西哥皮需事先備好待用，擠花袋袋口勿太大。

【準備器具】
鋼盆、抹刀、橡膠刮刀、擠花袋

【烤焙溫度】
200度，約烤焙15分鐘

【準備材料】 18個量
● **麵糰**／高筋麵粉500公克、細糖90公克、鹽5公克、乾酵母10公克、奶油20公克、蛋50公克、水240公克
● **墨西哥皮**／奶油200公克、低筋麵粉200公克、糖粉160公克、蛋100公克
● **其他配料**／葡萄乾適量

❶先準備墨西哥皮部份，將奶油溶解。

❷加入備好過篩之糖粉。

❸再將蛋加入拌勻。

❹最後加入過篩之麵粉。

❺攪拌均勻即可。

❻裝入擠花袋之情形。

❼製作麵糰請參照14～15頁[麵糰基本作法]。先將麵糰分割成每個50公克，左手托住麵糰，右手將葡萄乾包入。

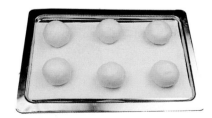

❽醱酵前之參考圖，約為直徑5.5cm。

❾醱酵後之比較圖，約為直徑8cm。

❿用順時鐘繞圈方式擠上墨西哥皮，覆蓋面約1/2，即可進入烤箱烤焙。

起 · 酥 · 派

【注意事項】
包裹之奶油在常溫下需成固體
狀，如瑪琪琳。需冷藏之奶油並
不適用。

【準備器具】
毛刷、刮版、量杯、保鮮膜

【準備材料】18個量
卡士達醬（請參照42～43頁 [卡
士達] 作法 ❶～❻）
●起酥皮／高筋麵粉100公克、
低筋麵粉100公克、糖粉5公
克、鹽2公克、奶油5公克、蛋
50公克、水100公克、內裹之瑪
琪琳200公克(單獨1條)

●卡士達醬／奶水500公克、奶
油20公克、高筋麵粉100公克、
細糖120公克、蛋100公克
●其他配料／蛋汁適量

【烤焙溫度】
200度，約烤焙16分鐘

❶如圖將麵粉圍成圓形城牆，內有糖、鹽、油。

❷將蛋、水加入拌勻。

❸慢慢將內圍的粉拌入。

❹其餘的粉用刮刀拌合。

❺在工作檯來回搓揉至有彈性。

❻成形後應不太會黏手。

❼用保鮮膜將麵糰蓋住，以防止表面風乾，靜置鬆弛5分鐘。

❽將麵糰向四方擀開。

❾裹上四方形之瑪琪琳。

❿由左右上下將奶油包起。

⓫用擀麵棍將麵糰擀開成長方形。

⓬摺成三摺後，再重複⓫～⓬之動作一次。

⓭用硬尺切成正方形。

⓮包入卡士達醬或肉鬆。

⓯不用醱酵，刷好蛋汁即可進入烤箱烤焙。

62 甜麵包

奶・鬆・起・酥・麵・包

【注意事項】
奶酥餡、起酥皮作法請參照60
～61頁[起酥派]作法❶～❸，備
好待用。

【準備器具】
毛刷、鋼盆、抹刀、橡膠刮刀、
手提式打蛋器

【準備材料】19個量

● 麵糰
高筋麵粉‥‥‥‥‥‥‥‥500公克
細糖‥‥‥‥‥‥‥‥‥‥ 90公克
鹽‥‥‥‥‥‥‥‥‥‥‥ 5公克
乾酵母‥‥‥‥‥‥‥‥‥ 10公克
奶油‥‥‥‥‥‥‥‥‥‥ 20公克
蛋‥‥‥‥‥‥‥‥‥‥‥ 50公克
水‥‥‥‥‥‥‥‥‥‥‥240公克

● 奶鬆餡
奶油‥‥‥‥‥‥‥‥‥‥300公克
糖粉‥‥‥‥‥‥‥‥‥‥250公克
蛋‥‥‥‥‥‥‥‥‥‥‥100公克
脫脂奶粉‥‥‥‥‥‥‥‥350公克
水‥‥‥‥‥‥‥‥‥‥‥ 30公克
● 其他配料／蛋汁‥‥‥ 適量

【烤焙溫度】
200度，約烤焙16分鐘

❶將奶油與糖粉用打蛋器攪拌，
攪拌至較原本奶油白，呈乳白
顏色，且量增加一倍左右。

❷加入蛋拌勻。

❸加入奶粉與水，用橡膠刮刀拌
勻即可。

❹製作麵糰請參照14～15頁[麵
糰基本作法]。先將麵糰分割
成每個50公克，左手托住麵
糰，右手將奶酥餡包入。

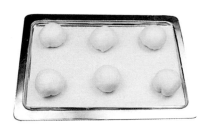

❺醱酵前之參考圖，約為直徑
5.5cm。

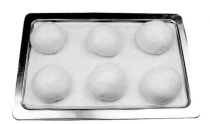

❻醱酵後之比較圖，約為直徑
8.5cm，即可進入烤箱烤焙。

❼刷上準備好之蛋汁。

❽也將備好之起酥皮刷上蛋汁。

❾蓋上起酥皮，即可進入烤箱烤
焙。

64　甜麵包

奶・鬆・麵・包

【注意事項】
- 麵糰包餡時稍微壓一下，將空氣擠出。墨西哥皮請參照58～59頁[墨西哥]作法❶～❺。
奶鬆請參照62～63頁[奶鬆起酥]作法❶～❸。

【準備器具】
毛刷、抹刀、擠花袋

【烤焙溫度】
200度，約烤焙13分鐘

【準備材料】19個量
● 麵糰
高筋麵粉·················500公克
細糖·····················100公克
鹽·····················　5公克
乾酵母·················　10公克
奶油·················　40公克
蛋·····················　50公克
水·····················250公克

● 墨西哥皮
奶油·····················200公克

低筋麵粉·················200公克
糖粉·····················160公克
蛋·····················100公克

● 奶酥餡
奶油·····················300公克
糖粉·····················250公克
蛋·····················100公克
脫脂奶粉·················350公克
水·····················　30公克

● 其他配料
椰子粉、墨西哥皮、奶鬆餡

❶製作麵糰請參照14～15頁[麵糰基本作法]。先將麵糰分割成每個50公克，左手托住麵糰，右手將奶鬆包入。

❷在麵糰上噴灑些水。

❸手抓住麵糰接點處，面朝下，沾上椰子粉。

❹醱酵前之參考圖，約為直徑6cm。

❺醱酵後之比較圖，約為直徑8cm，即可進入烤箱烤焙。

❻擠上十字形之墨西哥皮，即可進入烤箱烤焙。

三·色·麵·包

【注意事項】
麵糰包餡時稍微壓一下，將空氣擠出。

【準備器具】
毛刷、抹刀

【準備材料】19個量
(卡士達醬請參照42～43頁[卡士達]作法❶～❻。奶鬆請參照63頁[奶鬆起酥麵包]作法❶～❸)

● 麵糰
高筋麵粉500公克、細糖100公克、鹽5公克、乾酵母10公克、奶油40公克、蛋50公克、水250公克

● 卡士達醬
奶水500公克、奶油20公克、高筋麵粉100公克、細糖120公克、蛋100公克

● 奶鬆餡
奶油300公克、糖粉250公克、蛋100公克、脫脂奶粉350公克、水30公克

● 其他配料
黑芝麻、杏仁片、蛋汁各適量

【烤焙溫度】
200度，約烤焙12分鐘

❶製作麵糰請參照14～15頁[麵糰基本作法]。先將麵糰分割成每個25公克，左手托住麵糰依序將紅豆、奶鬆、卡士達醬各包6個，並分開口味順序排列。

❹刷上蛋汁，分別裝飾黑芝麻、杏仁片、卡士達醬。

❷醱酵前之參考圖，約長12cm、寬4cm。

❸醱酵後之比較圖，約長14cm、寬6cm。

杏仁吉士捲

【注意事項】
模具塗抹奶油與麵粉需均勻，麵包才不會黏在模具上。

【準備器具】
擀麵棍、花形模、毛刷

【準備材料】18個量
● 麵糰

高筋麵粉	500公克
細糖	80公克
鹽	6公克
乾酵母	10公克
奶油	10公克
蛋	50公克
水	250公克

● 其他配料

奶油、杏仁片、蛋汁	適量
乳酪粉、比薩絲	適量

【烤焙溫度】
200度，約烤焙12分鐘

❶製作麵糰請參照14～15頁[麵糰基本作法]。麵糰分割成每個50公克，將麵糰搓成長條狀。

❷再用擀麵棍將麵糰擀成扁平狀，塗上奶油，舖上乳酪粉。

❸由上往下捲起，收尾部份需捏緊，再將麵糰放入準備好之模具中。

❹醱酵前之參考圖，約為直徑5cm。

❺醱酵後之比較圖，約為直徑。6.5cm

❻刷上蛋汁，撒上比薩絲、杏仁片，即可進入烤箱烤焙。

牛 · 肉 · 麵 · 包

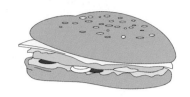

【注意事項】
洋蔥烘烤後水分蒸發，麵包部份會有中空屬正常現象。

【準備器具】
毛刷、擠花袋

【烤焙溫度】
200度，約烤焙15分鐘

【準備材料】19個量
- **麵糰**／高筋麵粉500公克、細糖80公克、鹽6公克、乾酵母10公克、奶油30公克、蛋50公克、水250公克
- **牛肉餡**／牛肉罐頭180公克、洋蔥120公克
- **其他配料**／沙拉醬

❶將調理之牛肉取出與切丁之洋蔥拌勻待用。

❷製作麵糰請參照14～15頁[麵糰基本作法]。麵糰分割成每個50公克，再將麵糰擀成橢圓形。

❸將拌好之牛肉餡，放在麵糰之正中央上。

❹將四周麵糰以對摺方式捏合起來。

❺捏合的地方必須確實黏合。

❻將捏合部份朝下，放在烤盤上。

❼在麵糰表面上，用小刀淺淺的劃上三刀。

❽醱酵前參考圖，約長10.5cm、寬5cm。

❾醱酵後之比較圖，約長13cm、寬7cm。

❿醱酵完成時，在割開部份擠些沙拉醬，即可進入烤箱烤焙。

吉・士・條

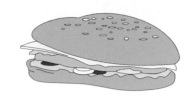

【注意事項】
舖在麵包上之披薩絲勿放太多，以免太重將麵包壓扁。

【準備器具】
擀麵棍、毛刷

【烤焙溫度】
200度，約烤焙12分鐘

【準備材料】19個量
● 麵糰
高筋麵粉⋯⋯⋯⋯⋯⋯500公克
細糖⋯⋯⋯⋯⋯⋯⋯⋯ 80公克
鹽⋯⋯⋯⋯⋯⋯⋯⋯⋯ 5公克
乾酵母⋯⋯⋯⋯⋯⋯⋯ 10公克
奶油⋯⋯⋯⋯⋯⋯⋯⋯ 30公克
蛋⋯⋯⋯⋯⋯⋯⋯⋯⋯ 50公克
水⋯⋯⋯⋯⋯⋯⋯⋯⋯250公克

● 其他配料
披薩絲、蛋汁⋯⋯⋯⋯⋯ 適量

❶ 製作麵糰請參照14～15頁[麵糰基本作法]。麵糰分割成每個50公克，用擀麵棍將麵糰擀平，由上往下捲起成長條狀。

❷ 醱酵前之參考圖，約長13cm、寬3cm。

❸ 醱酵後之比較圖，約長15cm、寬4.5cm。

❹ 在醱酵完成之麵糰上刷上蛋汁。

❺ 舖上一層披薩絲，即可進入烤箱烤焙。

❻ 出爐之後塗上奶油，然後撒些廣東香菜點綴一下。

培 · 根 · 麵 · 包

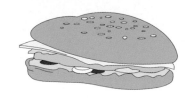

【注意事項】
由於培根在烘烤時容易收縮，所以在烤焙前可選擇較長之培根，烤焙時才不會收縮得太厲害。

【準備器具】
擀麵棍、毛刷

【準備材料】19個量
● 麵糰

高筋麵粉	500公克
細糖	80公克
鹽	5公克
乾酵母	10公克
奶油	30公克
蛋	50公克
水	230公克

● 其他配料

培根、乳酪絲、蛋汁…… 適量

【烤焙溫度】
200度，約烤焙14分鐘

❶製作麵糰請參照14～15頁[麵糰基本作法]。麵糰分割成每個50公克，將麵糰壓平，在中間鋪上乳酪絲，由上往下捲起，成長條狀。

❷已捲起之麵糰用擀麵棍擀成扁平狀。

❸醱酵前之參考圖，長度約為12cm、寬4cm。

❹醱酵後之比較圖，長度約為13.5cm、寬6cm。

❺刷上蛋汁。

❻擠上沙拉醬，就可進入烤箱烤焙。

❼烤焙後再灑些柴魚鬆，味道美極了。

梅·花·熱·狗·麵·包

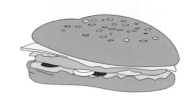

【注意事項】
麵糰在整形分割時，需保留部份麵糰相接。

【準備器具】
毛刷、刮刀

【準備材料】19個量
● 麵糰
高筋麵粉·················500公克
細糖······················80公克
鹽·························6公克
乾酵母·····················10公克
奶油······················30公克
蛋························50公克
水·······················250公克

● 其他配料
熱狗、蔥、雞蛋·········· 適量

● 蔥花餡
青蔥······················70公克
蛋························50公克
沙拉油·····················20公克
鹽、胡椒·················· 少許

【烤焙溫度】
200度，約烤焙13分鐘

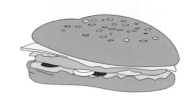

❶製作麵糰請先參照14～15頁[麵糰基本作法]。麵糰分割成每個50公克，將麵糰壓成長方形後，放上熱狗，由上往下把整個熱狗包起來。

❷將捲起之麵糰切成5等份，請保留部份麵糰相接。

❸切割之麵糰斷面朝上，排成梅花狀，放入烤盤內。

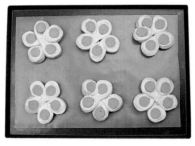

❹醱酵前之參考圖，約長9cm。

❺醱酵後之比較圖，長度約為11.5cm。

❻備好的蔥加入蛋、鹽、胡椒粉、沙拉油，口味可依個人喜好調整。

❼將拌好的蔥花醬，舖在麵糰中央，即可進入烤箱烤焙。

火·腿·鮪·魚·麵·包

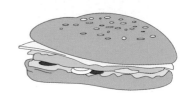

【注意事項】
舖在麵包上之鮪魚醬，要分佈均勻，以免壓垮麵包。

【準備器具】
毛刷、小刀、鋼盆

【烤焙溫度】
200度，約烤焙15分鐘

【準備材料】 19個量
● **麵糰**
高筋麵粉··················500公克
細糖··················· 80公克
鹽··················· 6公克
乾酵母··················· 10公克
奶油··················· 30公克
蛋··················· 50公克
水··················250公克

● **鮪魚醬**
鮪魚··················100公克
芹菜··················· 20公克
沙拉醬··················· 40公克
洋蔥··················· 20公克
黑胡椒··················3公克

● **其他配料**
火腿片、蛋汁·············· 適量

❶ 將鮪魚、洋蔥（切丁）、芹菜、沙拉醬、黑胡椒等材料拌勻即可。

❷ 製作麵糰請參照14～15頁[麵糰基本作法]。麵糰分割成每個50公克，壓平舖上火腿片，由上往下捲起。

❸ 將捲起之麵包對摺，再從中間切開。

❹ 兩邊之麵糰翻開，斷面朝上。

❺ 醱酵前之參考圖，約長8cm、寬6cm。

❻ 醱酵後之比較圖，約長10cm、寬8cm。

❼ 醱酵完成刷上蛋汁。

❽ 將已備好之鮪魚醬，舖在麵糰上。

❾ 出爐後擠上少許蕃茄醬，吃了頭腦壯壯。

大 · 亨 · 漢 · 堡

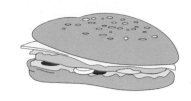

【注意事項】
熱狗可用煎或油炸處理，但勿太焦，此外酸菜也需事先備妥。

【準備器具】
毛刷、擀麵棍、鋸齒刀、擠花袋

【烤焙溫度】
200度，約烤焙13分鐘

【準備材料】19個量
● 麵糰
高筋麵粉⋯⋯⋯⋯⋯⋯⋯⋯500公克
細糖⋯⋯⋯⋯⋯⋯⋯⋯⋯ 80公克
鹽⋯⋯⋯⋯⋯⋯⋯⋯⋯⋯ 6公克
乾酵母⋯⋯⋯⋯⋯⋯⋯⋯ 10公克
奶油⋯⋯⋯⋯⋯⋯⋯⋯⋯ 30公克
蛋⋯⋯⋯⋯⋯⋯⋯⋯⋯⋯ 50公克
水⋯⋯⋯⋯⋯⋯⋯⋯⋯⋯220公克

● 其他配料
熱狗、酸菜、蛋汁⋯⋯ 適量

❶辣椒先油爆，再將其他材料炒熱。

❷製作麵糰請參照14～15頁[麵糰基本作法]。麵糰分割成每個50公克，將麵糰擀開，由上往下捲起成長條狀。

❸用擀麵棍將麵糰稍微擀平。

❹醱酵前之參考圖，約長12cm、寬4cm。

❺醱酵後之比較圖，約長14cm、寬6cm。

❻在醱酵完成之麵糰上刷上蛋汁。

❼烘烤後待涼，將麵包切開，但勿切斷，抹上沙拉醬，舖上酸菜、熱狗。

❽再擠上蕃茄醬，就算大功告成了。

漢 · 堡

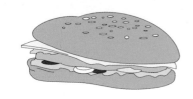

【注意事項】
漢堡本身沒有包餡，再滾圓時，要將空氣確實壓出。

【準備器具】
毛刷、擠花袋、鋸齒刀、抹刀

【準備材料】 19個量
● 麵糰

高筋麵粉	500公克
細糖	80公克
鹽	6公克
乾酵母	10公克
奶油	30公克
蛋	50公克
水	230公克

● 其他配料
洋蔥、沙拉醬、小黃瓜、火腿、乳酪片、漢堡肉或雞塊、生菜

【烤焙溫度】
200度，約烤焙13分鐘

❶製作麵糰請參照14～15頁[麵糰基本作法]。麵糰分割成大漢堡每個50公克，小漢堡每個30公克。

❷將麵糰壓平，再逐次把麵糰由外向中間滾圓，並將空氣壓出。

❸在表面沾上芝麻。

❹醱酵前之參考圖，約為直徑6cm。

❺醱酵後之比較圖，約為直徑7.5cm。

❻先把漢堡肉與雞塊煎熟，小黃瓜切片待用。

❼麵包待涼後，將中間切開，放入已準備好且自己喜歡的材料。

沙·拉·肉·鬆·麵·包

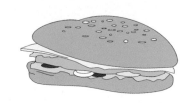

【注意事項】

蔬菜沙拉屬生鮮食品，應注意食物之保存，備妥之生菜沙拉應放置冷藏庫。

【準備器具】

鋸齒刀、抹刀

【準備材料】19個量

● 麵糰

高筋麵粉	500公克
細糖	100公克
鹽	6公克
乾酵母	10公克
奶油	30公克
蛋	50公克
水	250公克

● 其他配料

肉鬆、沙拉醬、馬鈴薯、小黃瓜、紅蘿蔔、白煮蛋… 各適量

【烤焙溫度】

200度，約烤焙12分鐘

❶事先將蛋，馬鈴薯和紅蘿蔔煮熟待涼後切丁，加入小黃瓜、沙拉醬拌勻即可(可依個人喜歡的口味添加其他材料，如玉米、火腿等)。

❷製作麵糰請參照14～15頁[麵糰基本作法]。麵糰分割成每個50公克，將麵糰壓平，由上往下捲成橄欖狀。

❸醱酵前之參考圖，約長10cm、寬4cm。

❹醱酵後之比較圖，約長12cm、寬6cm。

❺將麵包中間割開，抹上沙拉醬，表面亦同樣塗上沙拉醬。

❻然後用沾黏的方式，沾上肉鬆，亦可從中割開舖上蔬菜沙拉。

椰·子·沙·拉·麵·包

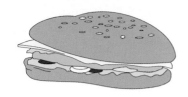

❶將玉米，火腿與沙拉混合拌勻(依個人喜好適量添加)。

❷把全部材料混合，放入冰箱待用。

❸製作麵糰請參照14～15頁[麵糰基本作法]。麵糰分割成每個50公克，將麵糰稍微壓平，包入椰子餡。

【注意事項】
椰子餡、玉米火腿餡需事先備好待用。

【準備器具】
毛刷、擀麵棍、小刀、鋼盆

【準備材料】19個量
沙拉醬、椰子餡(作法請參照41頁[胚芽椰子麵包] ❶～❸)

● 麵糰

高筋麵粉	500公克
細糖	80公克
鹽	6公克
乾酵母	10公克
奶油	30公克
蛋	50公克
水	250公克

● 椰子餡

蛋	100公克
奶油	80公克
細砂糖	100公克
奶水	100公克
椰子粉	180公克

● 其他配料

蛋汁	適量

【烤焙溫度】
200度，約烤焙14分鐘

❹用擀麵棍將麵糰擀平，接點朝上，由上往下捲起。

❺接點朝下放入烤盤，將麵糰中央約一半深之缺口切開。

❻醱酵前之參考圖，約長9cm、寬4cm。

❼醱酵後之比較圖，約長10cm、寬7cm。

❽刷上備好之蛋汁。

❾平均舖上玉米火腿餡。

吉·士·沙·拉·麵·包

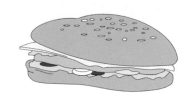

【注意事項】

在整形壓平麵糰時，請注意大小之形狀，過大時烤出之麵包會黏在一起。

【準備器具】

毛刷、擠花袋、擀麵棍

【準備材料】19個量

● 麵糰

高筋麵粉	500公克
細糖	100公克
鹽	6公克
乾酵母	10公克
奶油	30公克
蛋	50公克
水	250公克

● 其他配料

火腿、乳酪片、杏仁片、沙拉醬、蛋汁‥‥‥‥‥‥各適量

【烤焙溫度】

200度，約烤焙15分鐘

製作麵糰請參照14～15頁[麵糰基本作法]。麵糰分割成每個50公克，並將備好之火腿絲包入。

用擀麵棍把麵糰擀成圓形。

醱酵前之參考圖，約為直徑8.5cm。

醱酵後之比較圖，約為直徑10cm。

刷上蛋汁，舖上乳酪片，擠上沙拉醬。

再撒上杏仁片，就可進入烤箱烤焙。

牛·肉·蔥·花·捲

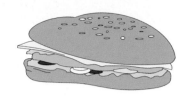

【注意事項】
整形完後再排列至烤盤時,注意
麵糰左右之間隔。

【準備器具】
毛刷、擀麵棍、剪刀

【準備材料】19個量
牛肉乾、蔥花(作法請參照75頁
[梅花熱狗麵包] ❻)

● 麵糰
高筋麵粉…………………500公克
細糖………………………… 90公克
鹽……………………………… 6公克
乾酵母……………………… 10公克
奶油………………………… 30公克
蛋…………………………… 50公克
水…………………………250公克

● 蔥花餡
青蔥………………………… 70公克
蛋…………………………… 50公克
沙拉油……………………… 20公克
鹽、胡椒………………… 少許

● 其他配料
蛋汁………………………… 適量

【烤焙溫度】
200度,約烤焙15分鐘

❶製作麵糰請參照14～15頁[麵糰基本作法]。麵糰分割成每個25公克,再將麵糰來回搓成圓椎狀。

❷包上牛肉乾,然後由上往下捲起。

❸醱酵前之參考圖,約長5.5cm、寬3cm。

❹醱酵後之比較圖,約長7cm、寬4cm。

❺在醱酵完成之麵糰中央,剪一個小洞。

❻刷上蛋汁、舖上蔥花,就可進入烤箱烤焙。

90 丹麥可鬆麵包

可·鬆·調·理·麵·包

【注意事項】

麵糰包入瑪琪琳後,每壓麵一次,需鬆弛10～15分鐘,此項麵糰作法反覆二次。

醱酵時,麵糰醱酵較其他種類麵糰小,如醱酵體積過大,很容易使麵糰塌陷。

【準備器具】

毛刷、擀麵棍、滾輪刀、硬長尺、抹刀、刮版

【準備材料】19個量

● 麵糰

高筋麵粉··················400公克
低筋麵粉··················100公克
細糖······················· 30公克
鹽························· 5公克
乾酵母····················· 10公克
水························300公克

● 其他配料

瑪琪琳······················250g

【烤焙溫度】

200度,約烤焙11分鐘

❶製作麵糰請參照14～15頁[麵糰基本作法]。完成後鬆弛10分鐘,將麵糰向四方趕開。

❷將備好之瑪琪琳塗抹在麵糰中央,塗的厚度需平均。

❸以擀開的麵糰將瑪琪琳包裹起來。

❹包裹之麵糰要平均的覆蓋在表面。

❺用擀麵棍將包好之麵糰由中間向外擀成長條狀。

❻將擀開之麵糰分成四等份,由外向中間對摺。

❼重複上次動作,再對摺一次。

❽對摺後之形狀參考。

❾包上保鮮膜做第一次鬆弛，時間為10分鐘。(可放入冰箱冷藏，避免麵糰過度醱酵。)

❿鬆弛後再重複❺～❽的動作一次。

⓫將擀開的麵糰整理成四方對稱的長方形。

⓬包上保鮮膜做第二次鬆弛，時間為10分鐘。(可放入冰箱冷藏，避免麵糰過度醱酵。)

⓭鬆弛後將麵糰擀成約長64cm、寬45cm的四方形。

⓮再分割成長16cm、寬9cm的三角形。

⓯在較窄的一面切個小切口，約1.5cm～2cm。

⓰由缺角的一方往回捲起，末端接點處朝下，平置烤盤。

⓱醱酵前之參考圖，約長11cm、寬3cm。

⓲醱酵後之比較圖，約長12cm、寬4cm，即可送入烤焙。烤好後的麵包待涼後裝飾喜好之材料。

牛・角・麵・包

【注意事項】此項麵糰作法在二次醱酵時，麵糰醱酵較其他種類麵糰小，如醱酵體積過大，很容易使麵糰塌陷。

【準備器具】毛刷、擀麵棍、抹刀、刮版、滾輪刀、硬長尺

【準備材料】19個量
● 麵糰
高筋麵粉……500公克
細糖………… 30公克
鹽………………5公克
乾酵母……… 10公克
水……………300公克

● 其他配料
瑪琪琳………250公克
蛋汁………… 適量

【烤焙溫度】
200度，約烤焙11分鐘

❶製作麵糰請先參照91～92頁[可鬆調理麵包]作法❶～⓰。將捲好之麵糰兩端往內壓實。

❷醱酵前之參考圖，約長6cm、寬5cm。

❸醱酵後之比較圖，約長7cm、寬6cm，刷上蛋汁即可送入烤焙。

94　丹麥可鬆麵包

丹·麥·水·果·麵·包

【注意事項】

麵糰包入瑪琪琳後，每壓麵一次，需鬆弛10～15分鐘，此項麵糰作法反覆二次。

醱酵時，麵糰醱酵較其他種類麵糰小，如醱酵體積過大，很容易使麵糰塌陷。

【準備器具】

毛刷、擀麵棍、滾輪刀、硬長尺、抹刀、刮版

【準備材料】19個量

● 麵糰

高筋麵粉⋯⋯⋯⋯⋯⋯500公克
細糖⋯⋯⋯⋯⋯⋯⋯⋯ 30公克
鹽⋯⋯⋯⋯⋯⋯⋯⋯⋯ 5公克
乾酵母⋯⋯⋯⋯⋯⋯⋯ 10公克
水⋯⋯⋯⋯⋯⋯⋯⋯⋯300公克

● 其他配料

瑪琪琳⋯⋯⋯⋯⋯⋯⋯250公克
水果、蛋汁 ⋯⋯⋯⋯⋯ 各適量

【烤焙溫度】

200度，約烤焙11分鐘

❶麵糰參照91～92頁[可鬆調理麵包]作法❶～⓭，再將麵糰分割成12cm的正方形。

❷將麵糰對摺成三角形，兩端各留1～1.5cm，切兩刀。

❸將切割好的麵糰打開，並刷上蛋汁。

❹原先麵糰之兩端各向另一端與下方的麵糰重疊。

❺醱酵前之參考圖，約為寬7.5cm。

❻醱酵後比較圖，約寬8.5cm，即可送入烤焙。烤好後的麵包待涼即可裝飾喜好之水果，以慰藉自己的辛勞。

甜 · 甜 · 圈

【注意事項】

油炸時須待油加溫至一定程度，才可將麵糰放入油炸。可先捏一小塊麵糰丟入油鍋內，當麵糰變成金黃色時，表示油的溫度已夠了。

【準備器具】

油鍋、竹筷

【準備材料】18個量

● 麵糰

高筋麵粉	500公克
細糖	75公克
鹽	7公克
乾酵母	10公克
奶油	40公克
蛋	50公克
水	250公克

● 其他配料

細砂糖	適量

【油炸溫度】

約120度

❶ 製作麵糰請參照14～15頁[麵糰基本作法]。先將麵糰分割成每個50公克，並搓成長條狀。

❷ 搓成長條狀的麵糰，取一端用手壓成扁平狀。

❸ 將另一端的麵糰與壓平的麵糰重疊，然後將接點處捏緊。

❹ 平均的將麵糰沾上些許的高筋麵粉，可防止要拿起麵糰時與烤盤沾黏。

❺ 醱酵前之參考圖，外圍約為7.5cm。

❻ 醱酵後之比較圖，外圍約為8.5cm。

❼ 將麵糰放入已預熱好之油鍋，當油炸面之麵糰轉成金黃色時，就把麵糰反過來油炸。

❽ 當炸好麵包尚有溫度時，沾上細砂糖或沾些巧克力，小朋友最喜歡吃了。

沙 · 拉 · 船

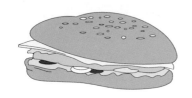

【注意事項】
麵糰在整形時底部需捏緊，避免油炸時裂開。

【準備器具】
油鍋、噴水器

【油炸溫度】
約120度

【準備材料】18個量
● 麵糰
高筋麵粉……………………500公克
細糖……………………… 75公克
鹽………………………… 7公克
乾酵母…………………… 10公克
奶油……………………… 40公克
蛋………………………… 50公克
水………………………250公克

● 其他配料
油炸粉、蔬菜沙拉(作法請參照83頁[沙拉、肉鬆麵包]❶)

❶製作麵糰請參照14～15頁[麵糰基本作法]。先將麵糰分割成每個50公克，壓平後滾成橄欖狀。

❷將麵糰表面噴些水，方便待會沾麵包粉。

❸表面都沾上麵包粉。

❹醱酵前之參考圖，約長10cm、寬4cm。

❺醱酵後之比較圖，約長11cm、寬5.5cm，將麵糰放入已預熱好之油鍋，當油炸面之麵糰轉成金黃色時，就把麵糰反過來亦炸至金黃色，即可取出。

❻待麵包涼後，從中間切開約2/3，舖上蔬菜沙拉或自己喜好之材料，即成美味的沙拉船。

酸 · 菜 · 麵 · 包

【注意事項】酸菜備好待用，麵糰在整形時底部需捏緊，避免油炸時裂開。

【準備器具】油鍋、噴水器

【準備材料】18個量
● 麵糰／高筋麵粉500公克、細糖90公克、鹽7公克、乾酵母10公克、奶油40公克、蛋50公克、水250公克
● 其他配料／油炸粉、酸菜（作法請參照79頁[大亨堡]❶～❷）

【油炸溫度】約120度

❶製作麵糰請參照14～15頁[麵糰基本作法]。先將麵糰分割成每個50公克，用擀麵棍將麵糰擀開，包上備好之酸菜。

❷將包上餡的麵糰由外向內滾成圓柱狀。

❸捏合左右接合部份。

❹醱酵前之參考圖，約長11cm、寬3.5cm。

❺醱酵後之比較圖，約長12cm、寬4.5cm，將麵糰放入已預熱好之油鍋，當油炸面之麵糰轉成金黃色時，就把麵糰反過來油炸，至金黃色即可取出。

熱狗麵包

【注意事項】
麵糰在整形時需將兩端塞入第二圈之麵糰內，油炸時才不會變形。

【準備器具】
油鍋

【準備材料】18個量
● 麵糰
高筋麵粉	500公克
細糖	75公克
鹽	7公克
乾酵母	10公克
奶油	40公克
蛋	50公克
水	250公克

● 其他配料
熱狗、黑芝麻………… 各適量

【油炸溫度】
約120度

❶ 製作麵糰請參照14～15頁[麵糰基本作法]。先將麵糰分割成每個50公克，搓成長條狀。

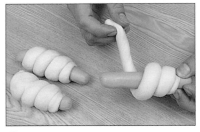

❷ 由熱狗1/4處依序做螺旋狀，將熱狗捲起。

❸ 麵糰捲至末端時，將尾端部份塞入前一環裡，此時熱狗前後各露出約1/4。

❹ 麵糰噴些水，沾上黑芝麻。

❺ 醱酵前之參考圖，約長7cm、寬3.5cm。

❻ 醱酵後之比較圖，約長9cm、寬5cm，將麵糰放入已預熱好之油鍋，當油炸面之麵糰轉成金黃色時，就把麵糰反過來油炸，至金黃色即可取出。

102 多拿滋麵包

咖 · 哩 · 麵 · 包

【注意事項】
咖哩餡需事先備妥，麵糰在整形時底部需捏緊，以避免油炸時裂開。

【準備器具】
油鍋、噴水器

【準備材料】18個量
● 麵糰
高筋麵粉‥‥‥‥‥‥‥‥‥500公克
細糖‥‥‥‥‥‥‥‥‥‥‥ 75公克
鹽‥‥‥‥‥‥‥‥‥‥‥‥‥5公克
乾酵母‥‥‥‥‥‥‥‥‥ 10公克
奶油‥‥‥‥‥‥‥‥‥‥ 40公克
蛋‥‥‥‥‥‥‥‥‥‥‥‥ 50公克
水‥‥‥‥‥‥‥‥‥‥‥‥250公克
● 其他配料
咖哩餡、油炸粉‥‥‥‥ 各適量

【油炸溫度】
約120度

❶餡料部份將洋蔥切丁，再將其他材料加入。

❷將材料炒熟，成糊狀即可待用。

❸製作麵糰請先參照14～15頁[麵糰基本作法]。先將麵糰分割成每個50公克，再將麵糰擀成橢圓狀。

❹把咖哩餡放置於麵糰中央，注意餡料勿沾上麵糰邊緣。

❺從中間向兩旁捏緊，重複檢查接點處是否密合。

❻將麵糰噴水後，沾滿麵包粉。

❼醱酵前之參考圖，約長9.5cm、寬4cm。

❽醱酵後比較圖，約長10.5cm、寬6cm。將麵糰放入已預熱好之油鍋，當油炸面之麵糰轉成金黃色時，就把麵糰反過來油炸，至金黃色即可取出。

① 製作麵糰請參照本書第14～
　15頁[麵糰基本作法]。麵糰分
　割成每個600公克，再將麵糰
　擀成長方形，約烤盤大小。

② 利用長擀麵棍將麵包捲起，舖
　在烤盤上。

③ 將舖在烤盤上的麵糰均勻的壓
　平。

肉・鬆・捲

④在整形好的麵糰上，用叉子叉滿小洞。

⑤醱酵前之參考圖，厚度約為0.5cm。

⑥醱酵後之比較圖，約厚1cm。

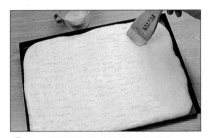

⑦在已醱酵麵糰上刷上蛋汁。

⑧撒上芝麻、青蔥，即可烤焙。

⑨待麵包涼後，將麵包倒置在大於麵包的紙上。

【注意事項】
麵包烤好稍涼時來捲最適當，捲成圓柱狀時，需靜置5～10分鐘，待麵包定型之後再打開做切割。

【準備器具】
毛刷、擀麵棍

【準備材料】16個量
● 麵糰

高筋麵粉	500公克
細糖	80公克
鹽	6公克
乾酵母	10公克
奶油	30公克
蛋	50公克
水	270公克

● 其他配料
肉鬆、青蔥、芝麻、沙拉醬各適量

【烤焙溫度】
200度，約烤焙12分鐘

⑩在麵包的一端，用鋸齒刀在表面劃上數刀，抹上沙拉醬、舖上肉鬆。

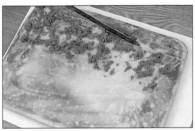

⑪利用擀麵棍由舖上肉鬆的一面捲向另一端，成圓柱狀。

⑫將剩餘的紙壓在麵包下方，靜置5～10分鐘。

⑬切成塊狀，在兩端抹上沙拉醬，再沾上肉鬆。

麵包壽司捲

【注意事項】麵包烤好稍涼時來捲最適當，捲成圓柱狀時，需靜置5～10分鐘，待麵包定型之後再打開做切割。

【準備器具】
毛刷、擀麵棍

【準備材料】16個量
●麵糰／高筋麵粉500公克、細糖80公克、鹽6公克、乾酵母10公克、奶油30公克、蛋50公克、水270公克
●其他配料／肉鬆、青蔥、芝麻、沙拉醬各適量

【烤焙溫度】
200度，約烤焙12分鐘

❶麵包請參照105頁[肉鬆捲]作法❶～❾再用鋸齒刀在表面劃上數刀，並抹上沙拉醬。

❷依序舖上沙拉材料。

❸抓住擀麵棍與紙準備將麵包捲起。

❹利用擀麵棍由舖上材料的一面捲向另一端，成圓柱狀。

❺將剩餘的紙壓在麵包下方，待5～10分鐘再切成塊狀。

豬頭・魚・麵・包

【注意事項】
基本麵糰需先備妥。此作法麵糰較硬，所以需較穩固之工作檯做揉麵的動作。

【準備材料】10個量

● 麵糰

高筋麵粉	450公克
細糖	100公克
鹽	5公克
奶油	60公克
蛋	50公克
酵母	10公克
麵糰	500公克
水	120公克

● 其他配料

紅豆、蛋汁…………… 適量

【準備器具】
壓麵機、小刀、毛刷、刮版、硬尺、剪刀

【烤焙溫度】
200度，約烤焙14分鐘

❶將糖、鹽、蛋、酵母、水一起拌合。

❷製作麵糰請參照14～15頁[麵糰基本作法]。再將麵粉堆成圓形城牆，加入備好之麵糰與其他材料。

❸邊切邊將麵粉拌合。

❹揉合製成糰，即可用壓麵機處理。

❺把壓麵機開口開至最大，分成兩次處理，麵糰搓成長條，由上慢慢壓過。

❻以壓麵機擀開後將麵糰對摺，反覆處理，至表面光滑。

❼圖上方為處理完畢之麵糰，下方尚未達標準。

❽將處理好之麵糰捲起。

❾用鋸齒刀把每個麵糰切成80公克。

❿由外向內將麵糰滾圓。

⓫豬的作法：先切成所需之大小。

⑫用擀麵棍將較大之麵糰擀成圓形。

⑬舖上擀成橢圓形之豬鼻。

⑭黏上擀成三角之耳朵。

⑮用筷子叉出鼻孔，再用紅豆做眼睛。

⑯醱酵前之參考圖，約為直徑8cm。

⑰醱酵後之比較圖，約為直徑9cm。

⑱刷上準備好的蛋汁，就可進入烤箱烤焙。

⑲**魚的作法**：麵糰請先參照108頁❶～❿。再將麵糰搓成如圖。

⑳左手抓住嘴巴，用右手壓出魚鰭與尾巴。

㉑用刮刀切出魚鰭、尾巴的紋路。

㉒可利用瓶蓋，蓋出眼睛。

㉓順著方向用剪刀剪出魚鱗。

㉔醱酵前之參考圖，約長12cm、寬7cm。

㉕醱酵後之比較圖，約長13cm、寬8cm。刷上準備好的蛋汁，就可進入烤箱烤焙。

【注意事項】
基本麵糰需先備妥。此作法麵糰較硬，所以需較穩固之工作檯做揉麵的動作。

【準備器具】
壓麵機、小刀、毛刷、刮版、硬尺、剪刀

【烤焙溫度】
200度，約烤焙14分鐘

【準備材料】10個量

● 麵糰
高筋麵粉450公克、細糖100公克、鹽5公克、奶油60公克、蛋50公克、酵母10公克、麵糰500公克、水120公克

● 其他配料
紅豆適量

❶蟹的作法：麵糰請先參照108～109[豬・魚]麵糰作法 ❶～❿。將麵糰切成所需大小。

蝦 · 蟹 · 麵 · 包

❷用擀麵棍把較大之麵糰左右擀開。

❸左右壓平部份切出蟹角。

❹將擀成圓形的麵糰覆蓋在上方。

❺用剪刀剪出蟹螯。

❻醱酵前之參考圖，約為直徑8cm。

❼醱酵後之比較圖，約為直徑9cm，刷上準備好的蛋汁，就可進入烤箱烤焙。

❽蝦的作法：麵糰請先參照108頁[豬、魚]麵糰作法❶～❿。將麵糰搓成如圖。

❾前後擀出頭與尾巴。

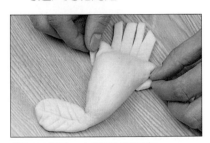

❿用刮版切出蝦鬚與尾巴。

⓫用剪刀剪出蝦頭並黏上眼睛。

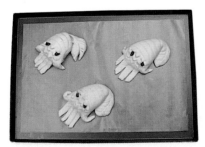

⓬醱酵前之參考圖，約長12cm、寬7cm。

⓭醱酵後之比較圖，約長13cm、寬8cm。刷上準備好的蛋汁，就可進入烤箱烤焙。

水・果・捲・麵・包

【注意事項】
塗抹奶油與麵粉需均勻，麵包才不會黏在烤盤上。

【準備器具】
圓形中空模、擀麵棍、抹刀、擠花袋

【準備材料】2個量

● 麵糰
高筋麵粉	500公克
細糖	120公克
鹽	5公克
乾酵母	10公克
奶油	40公克
蛋	50公克
水	250公克

● 其他配料
蜜餞水果	200公克
奶油、糖霜	適量

【烤焙溫度】
190度，約烤焙16分鐘

❶模具先塗上奶油，撒上麵粉待用。

❷製作麵糰請參照14～15頁[麵糰基本作法]。先將麵糰分割成每個500公克，將麵糰擀成正方形後，塗上薄薄一層奶油。

❸麵糰由上往下捲起成長條棒狀。

❹將長條狀之麵糰平均分成五等份。

❺取斷面朝上，放入模具中，左右間隔需平均，就可進行醱酵。

❻醱酵後約為醱酵前的2.5倍，模具約八分滿。

❼將適量的水加入糖粉，慢慢拌成糊狀。

❽將已拌好之糖霜用擠花袋裝起來。

❾麵包待涼後淋上些糖霜，吃起來別有一番風味。

水果奇異果麵包

【注意事項】中間麵糰儘可能壓平，烘烤後才方便裝飾水果。

【準備器具】小刀、削皮器

【準備材料】21個量
● 麵糰
高筋麵粉500公克、細糖120公克、鹽5公克、乾酵母10公克、奶油40公克、蛋50公克、水250公克
● 其他配料
奇異果、水蜜桃適量、蜜餞水果200公克

【烤焙溫度】
190度，約烤焙12分鐘

❶製作麵糰請參照14～15頁[麵糰基本作法]。先將麵糰分割成每個50公克，再將每個麵糰分成1/3及2/3的大小，做為中央及圍邊的麵糰之用。

❷將1/3的麵糰壓成扁平的圓形，做為中央部份，將2/3的麵糰搓成長條形，圍在上次動作圓形麵糰的周圍。

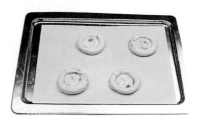

❸醱酵前之參考圖，約為直徑6.5cm。

❹醱酵後之比較圖，約為直徑8.5cm，烤焙後待涼，即可裝飾自己喜歡的水果。

咖·啡·菠·蘿·麵·包

【注意事項】菠蘿皮需先備妥。咖啡粉先用少許水拌勻。模具需上油並撒粉。

【準備器具】毛刷、長條模具

【準備材料】3個量
● 麵糰／高筋麵粉500公克、細糖110公克、鹽5公克、乾酵母10公克、奶油20公克、蛋50公克、水250公克、咖啡粉30公克
● 其他配料／核桃、菠蘿皮(作法請參照49頁[菠蘿麵包]❶～❻)

【烤焙溫度】
200度，約烤焙14分鐘

❶製作麵糰請先參照14～15頁[麵糰基本作法]。先將麵糰分割成每個300公克。

❷用擀麵棍將麵糰擀成長方形，鋪上碎核桃，由上而下滾成圓筒狀。

❸將菠蘿皮壓成與長圓形狀一般大小，蓋在麵糰上方。

❹放入模具內，進行第二次醱酵。

❺醱酵後體積約為原來2倍大，一般麵糰高度不超過模具8分滿即可烤焙，烤焙前記得刷上蛋汁。

咖·啡·葡·萄·麵·包

【注意事項】

菠蘿皮需先備妥。咖啡粉先用少許水拌勻。麵糰完成後放入紙杯模時，菠蘿皮部份要朝上。

【準備器具】

毛刷、紙杯模

【準備材料】19個量

菠蘿皮(作法請參照49頁[菠蘿麵包]❶〜❻)

● 麵糰

高筋麵粉…………………500公克
細糖………………………110公克
鹽…………………………5公克
乾酵母……………………10公克
奶油………………………20公克
蛋…………………………50公克
水…………………………250公克
咖啡粉……………………30公克

● 菠蘿皮

奶油………………………150公克
高筋麵粉…………………220公克
糖粉………………………100公克
蛋…………………………50公克

【烤焙溫度】

190度，約烤焙13分鐘

❶製作麵糰請參照14〜15頁[麵糰基本作法]。先將麵糰分割成每個50公克。麵糰稍微搓成圓形。

❷將菠蘿皮分成所需大小，約20公克。

❸將備好之菠蘿皮用手壓成圓薄狀。

❹再將麵糰壓平，放在菠蘿皮上方，中央放上葡萄乾。

❺四周的麵糰往中間捏合，直至菠蘿皮將麵糰表面包住。

❻醱酵前之參考圖。

❼醱酵後之比較圖，約為醱酵前的2.5倍，紙杯約八分滿。

巧·克·力·芝·麻·麵·包

【注意事項】
整形時之兩端接口務必捏合，烤焙時才不會鬆開。

【準備器具】
毛刷

【準備材料】19個量
● 麵糰
高筋麵粉⋯⋯⋯⋯⋯⋯⋯500公克
細糖⋯⋯⋯⋯⋯⋯⋯⋯⋯100公克
鹽⋯⋯⋯⋯⋯⋯⋯⋯⋯⋯5公克
乾酵母⋯⋯⋯⋯⋯⋯⋯ 10公克
巧克力奶油⋯⋯⋯⋯⋯ 60公克
蛋⋯⋯⋯⋯⋯⋯⋯⋯⋯ 50公克

水⋯⋯⋯⋯⋯⋯⋯⋯⋯⋯⋯250公克

● 其他配料
白芝麻⋯⋯⋯⋯⋯⋯⋯⋯ 適量

【烤焙溫度】
200度，約烤焙14分鐘

❶製作麵糰請參照14～15頁[麵糰基本作法]。先將麵糰分割成每個50公克，由內向外搓成長條形。

❷取三條為一組，一端捏緊。

❸以左右交錯的方式將麵糰編成辮子狀。

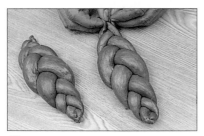

❹最後之尾端也需捏緊。

❺在麵糰表面噴上少許的水。

❻雙手抓住麵糰，面朝下沾白芝麻。

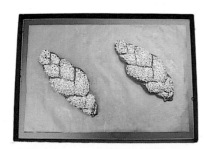

❼醱酵前之參考圖，約長18cm、寬8cm。

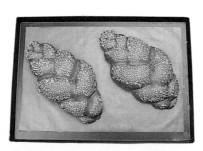

❽醱酵後之比較圖，約長22cm、寬11cm，就可進入烤箱烤焙。

巧·克·力·椰·子·麵·包

【注意事項】
椰子餡需事先備妥。整形分割時勿將麵糰切斷。

【準備器具】
毛刷、刮刀、擀麵棍

【準備材料】19個量
● 麵糰
高筋麵粉……………………500公克
細糖…………………………100公克
鹽……………………………5公克
乾酵母………………………10公克
巧克力奶油…………………60公克
蛋……………………………50公克
水……………………………250公克
● 椰子餡／(作法請參照41頁[胚芽椰子麵包]❶～❸)
蛋……………………………100公克
奶油…………………………80公克
細砂糖………………………100公克
奶水…………………………100公克
椰子粉………………………180公克
● 其他配料
杏仁片、蛋汁…………………適量

【烤焙溫度】
190度，約烤焙13分鐘

❶製作麵糰請參照14～15頁[麵糰基本作法]。先將麵糰分割成每個50公克，壓平後包上椰子餡，再將尾端接點處捏緊。

❷壓平，用擀麵棍擀成橢圓形。

❸尾端接點處朝內，將麵包對摺成半圓形將半圓形之麵糰2/3處切割成三等分。

❹麵糰交叉，並把斷面翻開朝上。

❺醱酵前之參考圖，約長9cm、寬6cm。

❻醱酵後之比較圖，約長11cm、寬8cm。

❼醱酵後刷上蛋汁，撒上杏仁片，就可進入烤箱烤焙。

水果墨西哥麵包

【注意事項】

蜜餞水果在與麵糰混合時，只需拌勻，勿搓揉太久。

【準備器具】

擀麵棍、抹刀、擠花袋

【準備材料】21個量

● 麵糰／高筋麵粉500公克、細糖120公克、鹽5公克、乾酵母10公克、奶油40公克、蛋50公克、水250公克、蜜餞水果200公克

● 墨西哥皮／(墨西哥皮請參照59頁[墨西哥麵包]❶～❺)
奶油200公克、低筋麵粉200公克、糖粉160公克、蛋100公克

【烤焙溫度】

200度，約烤焙12分鐘

❸麵糰請參照14～15頁[麵糰基本作法]❶～⓫，在動作⓫時加入蜜餞水果。

❷拌勻水果後參照15頁[麵糰基本作法]⓬～㉒。

❶將麵糰分割成每個50公克，用擀麵棍擀成橢圓形。

❹醱酵前之參考圖，約長7cm、寬4.5cm。

❺醱酵後之比較圖，約長9cm、寬6.5cm。

❻在醱酵的麵糰擠上墨西哥皮，再進入烤箱烤焙。

青椒牛肉披薩

● **基本配料／**牛肉絲200公克、青椒60公克、洋菇50公克、披薩絲60公克、披薩醬少許

【烤焙溫度】
230度，約烤焙12分鐘

【注意事項】牛肉可事先加入調味料調味約20分鐘，做出的披薩，風味會更好。

【準備器具】毛刷、擀麵棍、披薩烤盤

【準備材料】2個量

● **麵糰**中筋麵粉300公克、細糖少許、鹽少許、乾酵母5公克、奶油30公克、水150公克

❶製作方法請參照124～125頁[海鮮總匯披薩]作法❶～❹。

❷加入配料後鋪上披薩絲，即可進烤箱烤焙。

【注意事項】
餡料部份需事先準備好。在麵糰表面叉洞,方便烘烤時透氣之用,此動作請勿省略。

【準備器具】
毛刷、擀麵棍、披薩烤盤

【準備材料】2個量
● 麵糰
中筋麵粉	300公克
細糖	少許
鹽	少許
乾酵母	5公克
奶油	30公克
水	150公克

● 基本配料
鮪魚	80公克
蟹棒	50公克
花枝	80公克
披薩絲	60公克
青椒	50公克
披薩醬	少許

【烤焙溫度】
230度,約烤焙12分鐘

❶製作麵糰請參照14～15頁[麵糰基本作法]。先將麵糰分割成每個200公克,稍微滾圓,用擀麵棍由中間向外,將麵糰擀成約烤盤大小圓形。

❷在擀好的麵糰上叉滿小洞,有助於烤焙時透氣。

❸利用擀麵棍將麵糰捲起。

❹先對準一端,再朝反方向放置於烤盤中,披薩不用作第二次醱酵即可舖上配料準備烤焙。

❺基本配料參考圖。

❻在麵糰上塗披薩醬,周圍請留約1～1.5cm。

❼較不易熟之配料應放在較上面的位置。

❽最後舖上披薩絲,將配料調整均勻後,即可進烤箱烤焙。要趁熱吃才好吃喔!

鮮蝦鳳梨披薩

鳳梨片5片、洋菇50公克、火腿片50公克、披薩絲60公克、披薩醬少許

【注意事項】含水量較高之配料需事先將水瀝乾，如鳳梨等。

【準備器具】毛刷、擀麵棍，披薩烤盤

【準備材料】2個量

●麵糰／中筋麵粉300公克、細糖少許、鹽少許、乾酵母5公克、奶油30公克、水150公克

●基本配料／鮮蝦仁120公克、

【烤焙溫度】
230度，約烤焙12分鐘

❶製作方法請參照124～125頁[海鮮總匯披薩] 作法❶～❹。

❷加入配料後舖上披薩絲，即可進烤箱烤焙。

雞肉磨菇披薩

【注意事項】雞肉切丁時體積不要太大，並可事先加入調味料調味。

【準備器具】毛刷、擀麵棍、披薩烤盤

【準備材料】2個量
- 麵糰／中筋麵粉300公克、細糖少許、鹽少許、乾酵母5公克、奶油30公克、水150公克
- 基本配料／雞肉150公克、混合蔬菜100公克、洋蔥50公克、披薩絲60公克、披薩醬少許

【烤焙溫度】
230度，約烤焙12分鐘

❶製作方法請參照124～125頁[海鮮總匯披薩] 作法❶～❹。

❷加入配料後鋪上披薩絲，即可進烤箱烤焙，要趁熱才好吃！

西點烘焙 系列叢書

無奶油瑪芬蛋糕
當正餐也超健康！

21X22cm　　　88 頁
彩色　　　定價 220 元

人氣料理家中島老師從多年的烘焙實踐中，自創了系列適合自己在家做的健康無添加甜點。即使沒有精緻的外型，卻有自然的香氣，而每一款都是經典獨創的美味。

低熱量戚風蛋糕
天天吃也不發胖！

21X22cm　　　88 頁
彩色　　　定價 220 元

戚風蛋糕特色在於整體口感綿密，用植物油取代一般奶油，使得熱量相較低。大人小孩都吃得好健康、無負擔，時而樸實時而華麗的戚風蛋糕，千萬別錯過！

我做的麵包
可以賣！

18.2X23.5cm　　160 頁
彩色　　　定價 350 元

具有系統工程師背景本講師，把製作麵包化為一個一個理性的步驟，只要按照他的配方＆教法，即使是新手烘焙，做出的麵包卻能一次到位，毫無青澀感！

無奶油小餅乾
當飯吃也零負擔！

21X22cm　　　88 頁
彩色　　　定價 220 元

不加奶油還是很好吃的小餅乾！添加堅果、水果乾、燕麥片等健康食材，就算當正餐天天吃也很營養！你意想不到的變化創意款，超級好做不失敗！自己動手最安心！

低糖少油
好吃手工餅乾

21X20cm　　　88 頁
彩色　　　定價 220 元

本書內容是由人氣部落客長期經營手作甜點網站＆部落格「Happy smile kitchen」，最瞭解讀者的製作需求，最貼近讀者的期待心情，讓您閱讀起來完全無障礙。食譜數量驚人，深獲網友驚嘆好評，現在結集出書，喜歡自己做甜點的你一定不可錯過。

水果蛋糕的
美味祕訣

20X26cm　　　96 頁
彩色　　　定價 280 元

作者熊谷裕子老師堪稱蛋糕職人兼製菓講師，透過豐富的講授經驗，整理出大家在製作時常會犯的錯誤與困難點，並針對這些在書中進行重點提示，目的是希望各位都能順利的做出心目中最好吃的幸福蛋糕。

10 大名店
幸福小蛋糕主廚代表作

21X29cm　　　112 頁
彩色　　　定價 400 元

★50種人氣NO.1招牌小蛋糕作法

專訪十位日本甜點界蛋糕職人，詢問開店理念、設計甜點外觀與口味的發想與考量。並選出最具代表性的招牌小蛋糕商品，公開其製作方法！

手作花漾戚風蛋糕

19X26cm　　　80 頁
彩色　　　定價 250 元

戚風蛋糕，做出來體積膨鬆大方，吃起來口感柔軟細緻，不管是視覺還是味覺都讓人感到無比滿足！重點是，戚風蛋糕的作法並不困難，適合烘焙新手當做第一個作品來實習！

瑞昇文化 http://www.rising-books.co

＊書籍定價以書本封底條碼為準＊
購書優惠服務請洽：TEL：02-29453　　order@rising-books.com.tw